首批上海高等教育精品教材

形式逻辑

| 第六版 |

华东师范大学哲学系逻辑学教研室◎编

Formal Logic

华东师范大学出版社
·上海·

图书在版编目(CIP)数据

形式逻辑/华东师范大学哲学系逻辑学教研室编.
—6版.—上海:华东师范大学出版社,2022
ISBN 978-7-5760-3475-2

Ⅰ.①形… Ⅱ.①华… Ⅲ.①形式逻辑—高等学校—
教材 Ⅳ.①B812

中国版本图书馆CIP数据核字(2022)第226456号

形式逻辑(第六版)

编　　者　华东师范大学哲学系逻辑学教研室
责任编辑　张　婧
审读编辑　刘效礼
责任校对　宋红广　时东明
装帧设计　俞　越

出版发行　华东师范大学出版社
社　　址　上海市中山北路3663号　邮编200062
网　　址　www.ecnupress.com.cn
电　　话　021-60821666　行政传真021-62572105
客服电话　021-62865537　门市(邮购)电话021-62869887
地　　址　上海市中山北路3663号华东师范大学校内先锋路口
网　　店　http://hdsdcbs.tmall.com

印 刷 者　上海龙腾印务有限公司
开　　本　787毫米×1092毫米　1/16
印　　张　15.5
字　　数　294千字
版　　次　2023年2月第1版
印　　次　2025年5月第6次
书　　号　ISBN 978-7-5760-3475-2
定　　价　42.00元

出 版 人　王　焰

第六版说明

捧着出版社又一次寄来的厚厚一叠本书第六版的校样稿，我不由得思绪万千，感慨不已。

记忆把我拉回到 20 世纪 70 年代，大约在 1975 年，一些工农兵学员提出想要学点逻辑，有关方面同意由我给他们讲了几次逻辑课。后来，为了方便学员们学习，我又将讲稿作了一些补充修改，油印成册，发给了一些学员参考。紧接着 1977 年恢复了大学的招生考试，1981 年上海开始试行高等教育自学考试制度，逻辑学成了当时许多专业自学考试的一门必考科目。这时，学校出版社的一位同志找到我，要我编写一本适合自学考试者自学的逻辑学教材。于是，我便将手头上仅有的一本印发给工农兵学员参考的油印本讲稿交给了他，想不到出版社很快就将其列入"上海市高等教育自学考试用书"在 1982 年初公开出版了，这就是《形式逻辑》(试用本)，也就是本书的第一版。

随着哲学系逻辑学教研室的恢复，教师队伍逐渐增加，考虑到这本教材是当时特殊条件下仓促写成的，于是，作为当时逻辑学教研室的负责人，我就提出让教研室同志一起参加《形式逻辑》(试用本)的修订工作。我们参照高等师范学校《形式逻辑教学大纲》的要求，对教材进行了一次较大的修订，在 1983 年出版了本书的第二版，即《形式逻辑》(修订本)。本版问世后，就一直为校内开设逻辑课的各系所通用，也为国内相当一部分高校的逻辑教学所选用。1994 年，在第二版出版整整十年之后，我们深切感到逻辑科学及其教材在十年之间取得了不少进展，我们的教材也必须适应和赶上这些进展，于是我们又根据当时国家教委社科司新编的《普通逻辑教学大纲》的精神和要求，对教材进行了较大的修改和充实，在 1996 年出版了《形式逻辑》(第三版)。

到了 2008 年，离第三版的出版又过去了十多年。根据十多年来校内外对本教材使用的反映和建议，我们决定再次进行修订。不巧的是，曾参加过本书修订的同志，有的已经离世，有的则身负其他重任而无暇继续参加修订工作，最后只能由我个人独立承担了全部的修订任务。2009 年出版的《形式逻辑》(第四版)，同样受到了不少高校逻辑学教师和学生的信任与支持，并在 2011 年荣获上海普通高校优秀教材奖一等奖。这是我们逻辑学教研室全体同志多年来共同努力的结果。

2015 年，为了不辜负教材获奖所带给我们的鼓励和校内外师生对本教材的信任，根据出版社同志的建议，我个人又对全书作了进一步的修订，着重对习题作了甄选，增补了各章的解题思路，以帮助使用本教材的学生加深对习题的理解并为如何解题提供指导。这便是2016年出版的《形式逻辑》(第五版)。2021年，上海市教育委员会组织开展了首届全国教材建设奖遴选推荐工作，本教材又被认定为首批上海高等教育精品教材。

到今天，离第五版的问世又过去了六个年头。本次修订仍然是在保持全书原有结构和内容基本不变的基础上，对第五版的某些内容表述作了必要的修改和加工，以使全书的表述更加准确、恰当。党的二十大报告中指出："培养造就大批德才兼备的高素质人才，是国家和民族长远发展大计。"为贯彻党的二十大精神，本教材密切联系当代社会生活和人们思维实际，把逻辑知识和原理的讲述同学生逻辑思维能力的训练与素质的培养结合起来，提高学生的实际思维能力与素质。

回顾本书的出版历程，它从一个在艰苦环境中挣扎诞生的油印本，到今天成为一本被校内外广泛采用的逻辑教材，真如一个在苦难中诞生的婴儿，历经沧桑，在广大逻辑学工作者的关怀下，在政教系、哲学系，特别是逻辑学教研室全体同志的培育下，终于茁壮成长起来了。它的成长过程也伴随着我们逻辑学教师的成长过程，也从一个小小的侧面反映出我们的国家、我国的教育事业一天天成长、兴旺的过程。就我个人来说，从20世纪70年代将讲稿油印成册到今天已过去了整整四十五个年头，这就正如清代著名词人纳兰性德在《金缕曲》中所说的，"叹人生、几番离合，便成迟暮"。不过，这并未引发我任何的伤感之情。令我欣慰的是，正是在这四十五个年头里，我同逻辑学教研室的同志们一起，共同抚育了这本教材的成长。虽然我年事已高，这次修订很可能是我对《形式逻辑》这本教材的最后一次修订了，但我坚信，我们的后继者们将来一定会在广大逻辑学爱好者、工作者的推动下，在学校出版社的支持下，把本书继续修订得更加充实、完善，更加具有作为教材的特殊品格，成为一本更受普通高校师生欢迎的、更加通用的形式逻辑教材。

最后，我还要代表我曾作为其中一员的华东师范大学哲学系逻辑学教研室的全体同志，由衷地感谢全国广大读者、教材使用者的信任、鼓励和支持；感谢华东师范大学出版社的同志几十年来为本书的出版所付出的辛勤工作，没有他们的辛勤付出，就不可能有今天已经是第六版的《形式逻辑》。

华东师范大学哲学系逻辑学教研室
彭漪涟
2022年

第五版说明

本书自出版以来，一直得到广大读者、特别是许多高校逻辑学教师和学生的信任、支持和欢迎。第四版问世后，还曾被评为上海市高校优秀教材，并获得一等奖，这使我们深受激励和鼓舞。

最近，我们根据出版社的建议，在保持全书基本结构和内容不变的基础上，对本书进行了第五次修订，以突出本书既有特色和进一步完善全书内容的表述，使之更加适合于作为高校逻辑教材与一般读者自学逻辑读物的需要。

为此，本次修订的重点是：一、对书中某些表述不够清晰、准确，或个别表述失当与欠缺之处，进行必要的增补与订正。二、在各章练习题中(除第一章外)增补了解题思路的内容，并对某些题意不清的练习题进行了更换和增补。

由于这次修订所涉及的问题较多，修订过程中考虑不周之处在所难免，尤其是在各章练习题中解题思路的增补，作为一种希望能为使用本书的学生和读者正确解题提供一点帮助的初步设想，是否合宜、恰当，都希望能得到广大读者和学界同仁的批评指正和宝贵意见。

本次修订任务仍由彭漪涟承担!

华东师范大学哲学系逻辑学教研室
2015 年 12 月

第四版说明

本书第三版自 1996 年问世以来，至今又过去十多个年头了。十多年来，本书继续得到广大读者的信任和支持。为了不负广大读者的厚爱，更好地满足广大读者的需要，根据出版社的建议，在保持全书基本内容、章节体系和表述方式总体不变的情况下，对第三版进行了适当修订：改正了一些不够准确的表述，适量增加了一部分必要的内容，删节了一些不够恰当的叙述和举例，统一了术语的使用，等等。对于练习题，除个别题目有所变动外，基本保持不变，以保持其稳定性和使用的连续性。

本次修订任务由彭漪涟担任。修订中可能存在这样或那样的问题，敬请广大读者批评指正。

华东师范大学哲学系逻辑学教研室

2008 年 12 月

第三版说明

本书自1982年出版，经1983年修订后，迄今已累计发行50多万册。对广大读者的厚爱和支持，我们表示由衷的感谢！

近十年来，我国的逻辑科学有了长足的进步，逻辑学的教学改革正在不断深入。因此，本书内容显得单薄，已不能适应和满足当前高校形式逻辑课程的教学需要。为此，我们在征得华东师范大学出版社的同意和支持后，着手对本书再作一次较为全面的增补和修订工作。

在保持本书的基本内容和原有的简明、通俗风格的基础上，根据国家教委社科司编的《普通逻辑教学大纲》的精神和要求，结合我们的教改经验，调整了本书的部分章节结构，增删了部分内容，修改了部分概念的表述，同时对练习题也作了较多修改和补充。

参加这次增补修订工作的有：马钦荣、阮松、何应灿、彭漪涟。全书最后由何应灿、彭漪涟负责定稿。

由于我们的学识有限，书中的缺点、错误在所难免，希望继续得到广大读者和逻辑学界专家的批评指正。华东师范大学出版社的编辑老师对本书的增补修订工作给予了热情的支持，谨向他们表示诚挚的谢意！

华东师范大学哲学系逻辑学教研室

1994年10月

第二版说明

本书原是供我校文科各系使用的内部教材。1982年经华东师范大学业余教育处推荐，作为上海市高等教育自学考试“形式逻辑”学科的试用教材予以正式出版。最近，我们在听取部分读者和有关专家的意见、建议的基础上，参照高等师范院校《形式逻辑教学大纲》的要求，对全书作了一次较大的修订：增删了部分内容，修改了部分概念的表述，练习题也作了某些调整和补充。但由于我们水平有限，书中可能还有不少缺点和错误，恳切希望广大读者和逻辑学界的专家们批评指正。

参加本书编写或修订的同志有：彭漪涟、何应灿、王尚武、王天厚、袁宝璋、邵春林、马钦荣。全书最后由何应灿、彭漪涟负责定稿。

华东师范大学业余教育处和出版社的负责同志热情支持和大力促进本书问世，我们谨向他们表示谢意！

华东师范大学政教系逻辑学教研室

1983年4月

目 录

Contents

第一章 形式逻辑的对象和意义

Chapter 1

"逻辑"一词源于希腊文 λσγος,音译为逻各斯,意译为理念、理性、规律、语词等。

在现代汉语中,"逻辑"这个词的日常运用也是多义的。通常有以下几种不同的含义:第一,表示客观事物相互联系和发展的规律性,以及反映这种规律性的人的思维发展的规律性。例如,"中国革命的逻辑"、"事物的逻辑"。这里的"逻辑"都是指客观事物的规律性。又如,"作出合乎逻辑的结论"、"文章的逻辑性很强"。这里的"逻辑"就是指思维的规律性。第二,表示某种特殊的理论、观点或看问题的方法。比如,侵略者常常把对别国人民的侵略说成是"友谊",对此,我们斥之为:"这是地地道道的强盗逻辑。"这里所说的"逻辑",指的就是侵略者的这种颠倒是非黑白的特殊理论、观点或看问题的方法。第三,表示研究正确思维的形式和规律的科学,即形式逻辑和辩证逻辑,而通常则习惯于用来表示形式逻辑。比如,"学点文法和逻辑"、"中学生要学点逻辑"。这里所说的"逻辑"就是指形式逻辑这门科学。

那么,形式逻辑是研究什么的呢?它是一门什么性质的科学呢?我们为什么要学习它呢?……对于这样一些问题,只有对这门科学有了比较系统的了解之后,才能完全弄清楚。这里我们只能先作一个概略的说明。

第一节　形式逻辑的对象和性质

一、形式逻辑的对象

形式逻辑有传统与现代(即数理逻辑)之分。我们这里所说的形式逻辑主要指前者,即指一门以系统介绍传统逻辑的基本知识为主的逻辑科学,也就是现在人们常说的普通逻辑。那么,这门科学是以什么为其研究对象的呢?

简单地说,形式逻辑是研究思维的形式及其规律的。形式逻辑首先是一门研究思维的科学。恩格斯指出:逻辑学是"关于思维过程本身的规律的学说"[①]。那么,什么是思维?什么是思维形式呢?形式逻辑又怎样去研究它们呢?为了弄清这些问题,我们先简单叙述一下人们的思维活动是如何进行的。

毛泽东在《实践论》里有这样一段论述:人们在实践过程中,开始只是看到过程中各个事物的现象方面,看到各个事物的片面,看到各个事物之间的外部联系……这属于人们认识的感性阶段。在这个阶段里"人们还不能造成深刻的概

① 《马克思恩格斯选集》第四卷,人民出版社 1995 年版,第 257 页。

念，作出合乎论理（即合乎逻辑）的结论”[①]。但是，随着人们“社会实践的继续，使人们在实践中引起感觉和印象的东西反复了多次，于是在人们的脑子里生起了一个认识过程中的突变（即飞跃），产生了概念”[②]。循此继进，使用判断和推理的方法，就可产生出合乎逻辑的结论来。这就是人们认识的理性阶段，即人们“在脑子中运用概念以作判断和推理的工夫”的思维阶段。

比如，通过对马克思主义历史唯物主义的学习，我们初步懂得了“艺术”、“社会意识形态”这样一些概念。运用这些概念就可作出“艺术是社会意识形态”的判断，即断定“艺术”具有“社会意识形态”的性质。如果我们把这个判断再与另一个判断，比如“一切社会意识形态都是现实生活的反映”联系起来的话，我们就必然推出另一个新的判断“艺术是现实生活的反映”。这样，我们就从一些判断出发而推出另一个判断即结论，这就是在进行推理了。这是我们思维活动进程的一个大致情况。

可见，思维的过程乃是对客观世界的一种概括性的间接反映过程，它具有概括性和间接性的特点。即思维能够从许多个别事物的各种各样的属性中，去粗取精，去伪存真，由表及里地舍去表面的、非本质的属性，概括出一类事物的内在的、本质的属性；而且还能够以某种直接的知识为中介，去获得间接的知识，根据已有的知识去推出新的知识。同时，在这个过程中，即在人们运用概念作出判断和进行推理的思维活动中，是一刻也离不开运用语词、语句等语言形式的。因为，思维作为对现实的一种反映，是不能赤裸裸地存在的，它必须以一定的语言形式为其物质载体，否则，思维活动就无法进行，思维的表达、传播也就无法实现。比如，没有一定的语词，我们就无法指称我们所思考的对象，从而也就无法表达我们关于对象所形成的概念；没有一定的语句，我们就无法表示我们关于对象所作出的各种命题，从而也就无法表达我们关于对象所形成的各种判断，等等。这就是说，没有语词和语句也就没有概念、判断和推理，从而也就根本不可能有人的思维活动。马克思说：“语言是思想的直接现实。”[③]说的就是这个意思。综上所述，我们可以说，思维是人脑对客观世界间接的概括的反映过程，并且这种反映是借助于语言来实现的。

那么，什么是思维形式呢？从前面举过的例子来看，虽然我们思考的对象，即我们思维的具体内容是“艺术”、“社会意识形态”这样一些具体的社会对象，但是，这个运用概念作出判断和运用概念、判断进行推理的过程，却是我们在思考其他任何对象时都必然同样遵循着的。这就表明，无论我们在思维活动中思考的对象

---

① 《毛泽东选集》第一卷，人民出版社 1991 年版，第 285 页。
② 同上注。
③ 马克思、恩格斯：《德意志意识形态》（节选本），人民出版社 2003 年版，第 121 页。

是多么不同,我们用来反映这些对象的概念、判断、推理等的具体思维内容又是多么千差万别,人们思维的过程都是一个运用概念、判断、推理的过程。因而概念、判断、推理就成为人们思维过程中用来反映客观现实所必不可少的基本形式,即逻辑学所说的思维形式。

正因为人们思维总是离不开运用概念、判断、推理等思维形式的,因此,人们为了正确地运用这些思维形式,除了应当具有相应的各种具体科学知识以保证思维内容的真实(但这并非形式逻辑的任务,而是各门具体科学的任务)外,还必须对这些思维形式进行专门的研究,弄清它们的逻辑结构,了解怎样运用它们才是合乎逻辑的、怎样运用它们就是不合乎逻辑的,找出它们固有的规律性。

那么,什么是思维形式的结构呢?所谓思维形式的结构是思维形式(概念、判断、推理)的组成要素之间一定的联系方式,是其内容各不相同的各种具体思维形式中最一般的共同的东西。我们先分析一下判断这种思维形式。例如:

(1)所有金属是导体。

(2)所有商品是劳动产品。

(3)所有正义的事业是一定要胜利的。

这是三个判断或者说三个命题(关于判断与命题的联系与区别,我们将在第三章中予以说明)。它们分别断定三类不同对象(即金属、商品、正义的事业)各自具有的相应属性(即导体、劳动产品、一定要胜利的)。虽然这三个判断的具体内容是不相同的,但它们却有着共同的一般的形式结构,即它们都是由一个反映判断对象的概念(主项)和一个反映判断对象属性的概念(谓项),以及一个表示对主项概念所反映的所有对象都作了断定的概念(量项)通过联系词"是"(联项)而构成的。如果我们用S表示主项概念,用P表示谓项概念,那么这种判断或命题的逻辑结构即逻辑形式就可以用公式表示如下:

所有S是P

这就是最常见的一种判断(或命题)形式:全称肯定的直言判断(或命题)形式。

我们再分析一下推理这种思维形式。例如:

(1)凡金属都是导体,铝是金属,所以,铝是导体。

(2)凡正义的事业都是一定要胜利的,社会主义事业是正义的事业,所以,社会主义事业是一定要胜利的。

这是两个推理。虽然它们推理的具体内容各不相同,但是却有着一般的共同的推理结构,即都是由三个概念两两组合形成的三个判断而构成的。如果我们用S、P、M分别表示推理中的三个不同概念,那么这种推理的逻辑结构就可以用公式表示如下:

M是P
S是M
所以，S是P

这是最常见的一种推理形式，即三段论推理的逻辑结构，也称为三段论推理的逻辑形式。

从上面所举出的判断（或命题）形式和推理形式中可见，任何一种逻辑形式都包含有这样两个组成部分：一是逻辑常项，如公式"所有S是P"中的"所有……是"，它是逻辑形式（本例中"所有S是P"这类命题形式）中的不变部分，无论其中S和P代之以任何具体内容（概念），它都保持不变，因而它是区分各种不同种类的逻辑形式（如各种不同的命题形式）的唯一依据。另一组成部分是变项，如公式"所有S是P"中的"S"和"P"。它是逻辑形式中的可变部分，即在逻辑形式中可以表示任一具体内容的部分，不管人们用任何具体内容去代换它，都不会改变其确定的逻辑形式。

必须指出，在形式逻辑所研究的逻辑形式中，推理形式是最主要的。这是因为离开推理的孤立的命题并不是逻辑学所要研究的内容，逻辑学是将命题（或判断）和命题（或判断）的形式作为推理形式的组成部分、作为构成正确推理形式的要素——前提和结论而加以研究的。因此，形式逻辑的重要任务之一，就是要揭示在推理中各个命题（或判断）形式之间必然的合乎规律的联系，以使人们在思维过程中能正确地运用各种推理形式，从真实的前提必然地推出真实的结论。因此，思维的各种逻辑形式，特别是推理形式，就成为形式逻辑的主要研究对象。

当然，形式逻辑作为一门科学，在研究思维的逻辑时，还必须深入研究在这些逻辑形式中起作用的一系列逻辑规律，其中包括同一律、矛盾律和排中律这三条基本的逻辑规律。只有遵守这些逻辑规律，才能保证人们的思维具有确定性、无矛盾性、明确性，从而为正确思维提供必要条件。综上所述，关于形式逻辑的对象，我们就可以这样说：形式逻辑是研究思维的形式（逻辑形式）及其规律的科学。

二、形式逻辑的科学性质

根据形式逻辑的这一特定研究对象，形式逻辑在研究概念等思维形式时，并不去研究它们所反映的具体内容，因为那是各门具体科学的任务。形式逻辑是在暂时撇开这些思维形式所各自包含的具体的、个别的内容的情况下来研究它们的，即研究所有概念、判断（命题）、推理（不管是什么具体内容的概念、判断和推理）的共同逻辑结构，研究它们需要共同遵守的逻辑规律和规则等。在这方面，它和语法科学有非常近似的性质。比如语法是研究词、句的，但是，语法的特点在于它研究和概括语词的变化的规则,但不是指具体的语词,而是指没有任何具体内容的一般的语词;它研究和概括造句的规则,但不是指有某种具体内容的句子,例如具体的主词、具体的宾词等,而是指一般的句子,是与某个句子的具体形式无关的。逻辑学对概念、判断、推理的研究,也正好与语法科学对词、句的这种研究方法相似。所以,可以把形式逻辑比喻为“思维的语法”。

正因为形式逻辑具有这种“思维的语法”的性质,所以正如只有遵守语法规则才能使语言具有一种有条理的、可理解的性质一样,也只有遵守形式逻辑的规律和规则,才能使思维具有有条理的、可理解的性质。

同时,还必须看到,任何正确的思维,不仅要求所使用的思维形式是正确的,即合乎逻辑规则的,而且还要求思维的内容是真实的,即如实反映客观现实的。对于正确思维来说,这两方面是缺一不可、不能互相代替的。遵守形式逻辑的要求,只能保证思维形式的正确,并不能保证思维内容的真实,故它只能是正确思维的必要的条件。因此,我们既不能在自己的实际思维过程中忽视形式逻辑的要求,也决不能仅仅满足于遵守形式逻辑的要求,认为只要自己遵守了形式逻辑的规律和规则,思维就一定正确,就万事大吉了。如果这样去想、这样去做,那我们就是有意无意地把形式逻辑的作用不适当地夸大了。

我们还要看到,形式逻辑的对象(即思维形式的逻辑结构及其规律)本身是没有阶级性的,也是没有民族性的。不同阶级、不同民族的人们都同样地应用这些思维形式来反映现实、表达思想和交流思想。人人都需要遵守这些正确思维的逻辑规律。因此,作为形式逻辑这门科学的基本内容也是没有阶级性、没有民族性的,它对社会各阶级、各民族都是一视同仁的。但是,这并不等于说这门科学同各种理论观点及意识形态的斗争丝毫没有关系。由于形式逻辑的研究对象是关于思维领域中的现象,而思维的本质问题直接涉及思维与存在的关系这个哲学的根本问题,因而形式逻辑历来与哲学、世界观有着密切的联系,在这门科学领域内一直存在着唯物主义与唯心主义的斗争。比如,关于概念、判断、推理等思维形式的来源问题,就一直存在着哲学上两条路线的激烈斗争。辩证唯物主义从来认为,概念、判断、推理等思维形式绝不是与现实无关的纯思维的东西,它是有着自己的客观基础的,是客观事物及其联系的一种反映。没有客观事物就不会有反映客观事物的概念,当然也就不会有对客观事物的什么判断和推理了。列宁在谈到推理形式时曾明确指出:“人的实践经过亿万次的重复,在人的意识中以逻辑的式固定下来。这些式正是(而且只是)由于亿万次的重复才有着先入之见的巩固性和公理的性质。”[①]这就是说,思维形式及其规律都是在人们的反复实践中固定下来的,绝不是什么“主观自生的”、“天赋的”东西。可是,形形色色的唯心主义者则与此

① 《列宁全集》第十五卷,人民出版社 1988 年版,第 186 页。

相反，千方百计否认思维形式的客观基础和来源。如恩格斯在《反杜林论》一书中所批评的杜林就认定“逻辑模式”属于和现实无关的“纯粹观念的领域”；康德则说思维形式是所谓“天赋观念”、“先天形式”。可见，我们必须坚持在辩证唯物主义哲学思想的指导下，学习、研究和运用形式逻辑。

三、形式逻辑同数理逻辑、辩证逻辑的关系

下面我们根据上述关于形式逻辑的研究对象和科学性质的说明，简要地分析一下形式逻辑同辩证逻辑、数理逻辑的区别和联系，这对于我们进一步理解形式逻辑这门科学的对象和性质是有帮助的。

数理逻辑是现代的形式逻辑，它是从传统的形式逻辑中发展、演化出来的一门新兴的科学。近一百多年来，它的分支和内容都有了很大的发展，并在科学技术和生产部门得到了广泛的应用。数理逻辑的发展，为丰富和充实形式逻辑的内容提供了丰富的养料。当然，由于数理逻辑是形式逻辑在当代的进一步发展，因而它和传统形式逻辑之间也存在一系列明显的差异。首先，它们的研究对象不完全相同。数理逻辑着重研究演绎逻辑，而形式逻辑的某些研究内容，例如归纳、类比、假说，等等，则是数理逻辑所不研究或尚未充分研究的。同样，数理逻辑的某些内容，例如公理系统的完全性、独立性、无矛盾性，等等，也是形式逻辑所不研究的。其次，数理逻辑和形式逻辑的研究方法也不尽相同。数理逻辑是应用数学方法，主要是用人工语言研究思维的逻辑结构的。也就是说，它应用人工的符号语言（亦称形式语言）研究词项（概念）、命题（判断）以及命题之间的联系（推理），构成严密的逻辑系统（正因为如此，不少人主张把数理逻辑叫做符号逻辑）。而形式逻辑主要是用自然语言来表达思维的逻辑结构的，只是在必要的地方才使用符号。应当看到，数理逻辑在思维的逻辑形式方面的研究是极有成效的。因此，应当根据形式逻辑的特点，适当地吸收数理逻辑的某些成果来充实和丰富形式逻辑。但是，如果把数理逻辑的研究内容和方法，不加区别地硬搬到形式逻辑中来，甚至用数理逻辑来代替形式逻辑，则是不足取的。

辩证逻辑本质上是马克思主义哲学的逻辑，是马克思主义哲学唯物辩证法的逻辑职能。它当然也以思维形式及其规律作为自己的研究对象。但是，同形式逻辑相比，它“包含着更广的世界观的萌芽”①。具体说来，两者的主要区别在于：第一，形式逻辑是从思维形式的结构上研究思维的确定性、无矛盾性、明确性和论证性，这是正确思维的必要条件。但形式逻辑并不研究思维形式如何正确反映客观现实的运动、发展、变化的问题。而辩证逻辑作为现实世界辩证运动的反映，作为

---

①《马克思恩格斯选集》第三卷，人民出版社1995年版，第477页。

认识史的总结,则是以研究辩证思维的形式和规律,亦即研究思维形式如何正确反映客观事物的辩证法,即如何反映事物的内部矛盾、联系和转化等问题为其主要任务的。第二,形式逻辑也不研究各种思维形式之间的发展变化,即不研究概念或判断的形成过程,不研究一种判断或推理形式怎样发展和转化为另一种判断或推理形式,而辩证逻辑却正是主要研究这些问题。正如恩格斯指出:"辩证逻辑和旧的单纯的形式逻辑相反,不像后者那样只满足于把思维运动的各种形式,即各种不同的判断形式和推理形式列举出来并且毫无联系地并列起来。相反地,辩证逻辑由此及彼地推导出这些形式,不把它们并列起来,而使它们互相从属,从低级形式发展出高级形式。"①这就说明形式逻辑和辩证逻辑是分别从不同角度、不同方面来研究思维形式及其规律的,它们是既有区别又有联系的两门科学。在人们的认识和思维过程中,既需要用形式逻辑,更需要用辩证逻辑,两者是相辅相成的。

① 《马克思恩格斯选集》第四卷,人民出版社 1995 年版,第 332—333 页。

第二节 学习形式逻辑的意义和方法

一、学习形式逻辑的意义

初步懂得了形式逻辑的对象和性质以后，就不难了解学习形式逻辑的意义了。形式逻辑作为一门思维科学，它既有认识的作用，又有表达和论证思想的作用。因此，学习形式逻辑对于自觉地进行思维的逻辑训练，提高人们的逻辑思维能力，增强逻辑论证的力量，进而提高我们整个民族的理论思维水平，都具有重要的意义。

具体说来，学习形式逻辑的意义主要有以下三点：

1. 学习形式逻辑，可以为人们获得间接知识或探求新知识提供必要的逻辑工具。

人们在认识客观事物的过程中，要想获得对于客观事物的正确认识，除了必须参加一定的实践活动，并以辩证唯物主义世界观为指导以外，具有一定的形式逻辑知识，也是必不可少的。因为，正确的认识是通过正确的思维而获得的，而作为形式逻辑主要研究对象的思维形式结构的正确性和有效性，乃是正确思维的必要条件。因此，学习和掌握形式逻辑的知识，就有助于我们进行正确的思维，更好地认识客观事物。

马克思主义哲学告诉我们，实践是认识的源泉，实践是检验真理的唯一标准。但是，我们根据经过实践验证过的真实知识，运用正确的逻辑推理，也可以取得间接的知识，取得原来不知道的新知识。正如恩格斯所说的那样，“甚至形式逻辑也首先是探寻新结果的方法，由已知进到未知的方法”[①]。例如，欧几里得几何学就是从少数几条公理出发，通过逻辑的推导而推出了许多人们原来不知道的几何定理。又如，门捷列夫提出“化学元素周期表”以后，人们根据元素的原子量和原子价的比例关系，又推算出许多当时尚未发现的新元素。如在钾和钠之间，推算出还存在一个“类硼”元素，后来果然在实验中发现了它。至于在教学工作中，如果教师善于运用形式逻辑的知识，正确引导学生从已知的知识推导出未知的知识，那么，就能扩大学生的知识面，深化学生对原有知识的理解。这些都表明形式逻辑可以有效地帮助人们从已有知识推出未知的新的知识。

2. 学习形式逻辑，有助于人们准确地表达思想和严密地论证思想。

---

① 《马克思恩格斯选集》第三卷，人民出版社 1995 年版，第 477 页。

思想的准确性和论证性是正确思维的重要特征。马克思、恩格斯都十分重视思想的表达和论证的逻辑力量。李卜克内西在回忆马克思时写道:"没有人具有比他更高的明确表述自己思想的才能。语言的明确是由于思想明确,而明确的思想必然决定明确的表现方式。"[①]

毛泽东在谈到文章和文件都应当具有准确性、鲜明性和生动性时曾明确指出:准确性属于概念、判断和推理问题,这些都是逻辑问题。形式逻辑是关于正确的思维形式及其规律的科学。因此,学习形式逻辑知识可以帮助人们应用适当的思维形式,合乎逻辑规律地表述和论证自己的思想,做到概念明确、判断恰当、推理合乎逻辑、论证有充分根据,从而使自己说话、写文章时做到论旨明确、条理清楚、论证严密、有说服力。

3. 学习形式逻辑,有助于人们反驳谬误,揭露诡辩。

人们在学习、工作中,为了坚持和捍卫真理,就不仅需要论证正确的东西,也需要揭露和批评错误的东西,发现和揭露各种谬误与诡辩。谬误有各种各样的,其中不少谬误是和逻辑直接、间接有关的,是由于违反形式逻辑规律的逻辑要求、违反逻辑规则而产生的。所谓诡辩则是自觉违反逻辑规律和规则的要求而产生的逻辑谬误,是有意地利用逻辑错误,颠倒是非、混淆黑白,为错误言论进行的辩护。因此,逻辑谬误和诡辩都是我们在思维和论辩过程中必须认真自觉加以避免、揭露和批评的。而学习了形式逻辑知识,懂得了正确思维的逻辑形式和规律,就有可能准确地对谬误和诡辩加以识别并作出有力的批判。

除以上几点外,还必须指出:形式逻辑作为一种普通逻辑,实际上具有逻辑学引论的性质,它将为我们进一步学习逻辑学的其他分支、特别是学习各种现代逻辑(主要是数理逻辑与辩证逻辑)提供必要的基础知识和预备知识,成为进一步学习这些逻辑分支学科的前提和基础。

那么,应该怎样来学习形式逻辑呢?

二、学习形式逻辑的方法

首先,要充分认识学习形式逻辑的重要意义,明确学习的目的,提高学习的积极性,持之以恒,这是学好形式逻辑的前提条件。

其次,要坚持理论联系实际的学习原则和方法,这是学好形式逻辑的关键。也就是说,我们必须把逻辑知识的学习与自己思维和学习的实际、特别是写作的实际结合起来,要多留心实际活动中所碰到的各种逻辑问题,并自觉地用我们学过的逻辑理论和知识去分析它、解决它。这就要求我们,要准确地理解和掌握形

① 保尔·拉法格等著,马集译:《回忆马克思恩格斯》,人民出版社 1973 年版,第 39 页。

式逻辑的基本逻辑概念、逻辑规律和逻辑原理，要认真地做好必要的逻辑练习题。同时，还要求我们，学过一个逻辑概念，学了一条逻辑原理或规则，就要认真思考一下它在自己的思维活动中、言语中、写作中是怎样体现出来和起作用的；就要用它来检查自己和别人的讲话、文章，看看其中有没有不合乎这些原理和规则的地方；就要用它来揭露和批判形形色色的逻辑谬误和诡辩，逐渐养成经常进行逻辑分析的习惯。这样，把学习和运用结合起来，就能使我们所学的逻辑知识和原理在实际的运用过程中不断巩固、加深和具体化。

练习题

1. 请指出下列各段文字中“逻辑”一词的含义。

(1)“虽说马克思没有遗留下‘逻辑’(大写字母的)，但他遗留下《资本论》的‘逻辑’……”

(2)“写文章要讲逻辑。”

(3)“跨过战争的艰难路程之后，胜利的坦途就到来了，这是战争的自然逻辑。”

(4)“艾奇逊当面撒谎，将侵略写成了‘友谊’……美国老爷的逻辑，就是这样。”

2. 单项选择题。

(1) 思维的逻辑形式之间的区别，取决于(　　)。

a. 思维的内容　　b. 逻辑常项

c. 变项　　d. 语言表达形式

(2)“所有 S 是 P”与“有的 S 不是 P”(　　)。

a. 逻辑常项相同但变项不同　　b. 逻辑常项不同但变项相同

c. 逻辑常项与变项均相同　　d. 逻辑常项与变项均不同

第二章
概念

Chapter 2

第一节 概念的概述

一、什么是概念

概念是思维形式最基本的组成单位,是构成命题、推理的要素。因此,在研究命题、推理之前必须首先研究概念。

概念这个词,听起来好像很陌生、很抽象,其实,我们每个人在日常的工作和学习中,都在广泛地运用着它。只要你想问题、讲话、作文,你就离不开运用概念。

毛泽东在谈到概念时,曾有这样一段极其生动的形象的论述:"小孩子已经学会了一些概念。狗,是个大概念。黑狗、黄狗是小些的概念。他家里的那条黄狗,就是具体的。人,这个概念已经舍掉了许多东西,舍掉了男人、女人的区别,大人、小孩的区别,中国人、外国人的区别,……只剩下了区别于其他动物的特点。谁见过'人'?只能见到张三、李四。'房子'的概念谁也看不见,只看到具体的房子,天津的洋楼,北京的四合院。"[①]从这段论述中,我们就可知道,概念总是反映一个个或者一类类的事物或对象的,比如,中华人民共和国、北京、细胞、原子核,等等。但是,概念和感觉、知觉、表象等又不同,概念在反映这些事物或对象时,已经不再是反映事物的现象、事物的各个片面、事物的外部联系了。"人"这个概念所反映的早已不是人的高、矮、胖、瘦等表面现象的东西,而是人区别于其他动物的特点。这种特点就是人所具有而其他动物所不具有的、反映人的特有属性和本质属性的东西,如能思维、说话、制造和运用劳动工具,等等。这些都是"人"这一类对象所共有的,也是"人"这类对象和其他对象最根本的区别点。概念就是通过反映对象的这些特性和本质来反映对象的。因此,我们可以给概念下这样一个简短的定义:概念是通过揭示对象的特性或本质来反映对象的一种思维形式。

二、概念和语词

思想是离不开语言的,任何一个思想的产生和形成都要借助于语言,任何一个思想的表达也要借助于语言。因此,完全没有语言的材料和完全没有语言的"自然物质"的赤裸裸的思想,是不存在的。概念作为一种思维形式,离不开语言中的语词。弄清楚概念和语词的关系,对于我们了解概念的本质,以及明确概念

---

① 《建国以来毛泽东文稿》第十一册,中央文献出版社 1996 年版,第 492 页。

和准确地使用概念，都是十分必要的。

概念和语词有密切的联系。任何一个概念都要借助于语词来表达。比如，关于“人”、“国家”这些概念，在现代汉语中是用“人”、“国家”这些语词来表达，而在别的民族语言中，比如俄语中就用“человек”、“государство”，英语中就用“man”、“country”这样的语词来表达。这些能够用来表达概念的语词，就称为词项。但是概念又绝不等于语词。首先，虽然所有的概念都必须用语词来表达，但并非所有的语词都表达概念。比如说，语助词（啊、吧、吗、呢、了、的）一般就不表达概念，因而也就不能成为词项。其次，同一个概念可以用不同的语词来表达。如“马铃薯”和“土豆”是两个语词，但所表达的是同一概念，“形而上学”与“玄学”也是表达同一概念的两个不同语词。这在语法中就称为同义词。再次，与上述情况相反，一个语词也可以表达不同的概念。比如在第一章中，我们谈到过“逻辑”这个语词既可表达事物或思维的“规律”这个概念，也可以表达作为一门科学的“逻辑学”这个概念。这就是说，“逻辑”一词，在不同的语境下可以表达不同的概念，这类语词在语法中称为多义词。如果我们对表达概念的语词形式的多样性不了解，在使用同义词时不知道它们表达的是同一个概念，而作一些不必要的争论，这是一种文字之争；而在使用多义词时不加区别，把一个多义词所表达的不同概念混同起来使用，这在逻辑上就是一种混淆概念的错误。

三、概念要明确

为了正确地进行思维，概念应当满足些什么条件呢？概括地说，就是概念应当明确。因为如果概念不明确，它就不能正确反映客观事物及其特性和本质，当然也就无法运用它来进行正确的判断和推理，因而也就无法进行正确思维和有效的交际。

比如，有这样一句话：“加上这一段，反而使文章减少了逊色。”这句话所表示的命题显然不正确，而之所以不正确，主要是由于作者对“逊色”这个语词所表达的概念不明确而引起的。大家知道，“逊色”大体上说就是“减色”的意思。说“使文章减少了逊色”，就等于说“使文章减少了减色”。这就句子来说是不通的，就其所表示的命题来说，当然也就不正确了。运用这样的概念、命题来进行推理，进行思维，当然也就不可能正确了。

人们的行动是受思想支配的。如果一个人概念不明确，他在实践中往往就会不知道如何正确行动，因而就会给工作带来损失。例如，“人民”和“敌人”这两个概念在不同的国家和各个国家不同的历史时期，有着不同的内容。如果我们对“人民”和“敌人”这两个概念不明确，不了解这两个概念在不同的国家和各个国家不同的历史时期所具有的内容和所反映的对象是有所不同的，那么我们就有可能在实际工作中混淆两类不同性质的矛盾。

从前面的例子中还可以看出,概念明确的问题,首先涉及对客观事物的正确认识问题。因为,概念反映客观事物的特性和本质,如果不认识事物,不了解事物的特性和本质,当然也就谈不上形成有关该事物的明确概念了。此外,概念明确的问题,还涉及语言表达的问题。有时,即使某人对某概念是明确的,但是,由于运用语词不当,表达出来的思想仍然不明确,别人也无法理解。

比如,有这样一句话:"我每看到解放军的宣传画就爱不释手。"在这句话中,我们是可以看得出作者对他所爱看的画是明确的,但是,由于他表达时所使用的"解放军的宣传画"是一个有歧义的语词,究竟是指"解放军画的宣传画"还是"画的是解放军的宣传画"不明确,因而人们对其提出的整个命题也就难以理解了。

因此,为了概念明确,我们不仅要正确认识事物(这既涉及概念能否如实反映客观事物的问题,有时也还涉及一个人的立场、观点、方法的问题),而且还要注意语言表达的问题(这就涉及语法、修辞的问题)。就形式逻辑来说,它并不具体研究这些问题,而主要是通过介绍概念的基本逻辑特性和明确概念的最基本的逻辑方法,为做到概念明确提供一些必要的条件。

第二节 概念的内涵和外延

一、概念的内涵和外延

概念的内涵是指反映在概念中的事物的特性或本质，概念的外延是指反映在概念中的一个个、一类类的事物。例如，“国家”这个概念的内涵是：阶级矛盾不可调和的产物，维护一个阶级对另一个阶级统治的机器，等等。它的外延是：反映着具有这些特性和本质的古往今来的所有国家，如奴隶制国家、资本主义国家等。任何一个概念都具有内涵和外延这两个方面，因此，内涵和外延是概念最基本的逻辑特征。

了解概念的内涵和外延，对概念明确来说是非常重要的。所谓一个概念是明确的，就是指这个概念的内涵和外延是明确的，也就是说，这个概念所反映的事物有哪些特性和本质以及这个概念反映着哪些事物是明确的。比如，商品是我们每个人经常接触到的事物，我们每个人都常常在使用“商品”这个概念。如果我们要检验某人关于商品的概念是否明确，我们可以拿出自己使用的一支圆珠笔来问他：“这是不是商品？”也可以指着商店橱窗里的洗衣机、电冰箱问他：“那是不是商品？”这是从外延方面检验他对商品这个概念是否明确。

但是，有的客观事物数量、品种非常多，我们不可能、也不需要逐一地拿来问他：“这是不是商品？”于是，我们还可以向他提出另一个问题，比如：“什么是商品？”“商品有哪些特性和本质？”这是就内涵方面来检验他对商品概念是否明确。如果他既能正确地分辨什么事物是商品，什么事物不是商品；又能正确地说出商品的特性和本质，即断定商品是用来交换的劳动产品，那么，他对于商品的概念，就应当说是明确的了。反之，如果他只能正确地说出什么事物是商品，什么事物不是商品，但是，却不能正确地说出商品有哪些特性和本质，或者，他只能抽象地说出商品有哪些特性和本质，而不能正确地指出什么事物是商品，什么事物不是商品，那我们只能认为，他对商品的概念仍是不明确，或不够明确的。在这种情况下，他自然也就难以准确地使用“商品”这个概念了。

二、概念的内涵与外延的反变关系

内涵和外延是概念的两个不同方面，概念的这两个不同的方面有密切的内在联系。在内涵和外延的这种密切联系中，有一点值得我们特别注意，就是内涵和外延有这样一种相互制约的关系：一个概念的内涵越多(即一个概念所反映的事物的特性越多),那么这个概念的外延就会越少(即这个概念所反映的事物的数量就越少)。反过来,如果一个概念的内涵越少,那么这个概念的外延就会越多。内涵和外延的这种关系,称之为内涵和外延的反变关系。例如,我们知道,商品都是劳动产品,但劳动产品并不都是商品,这是因为,商品除了具有一般劳动产品所具有的性质以外,还具有一般劳动产品所不具有的一种性质,即“用于交换”的这样一种性质。因此我们说,“商品”概念的内涵要比“劳动产品”概念的内涵多,而“劳动产品”概念的内涵要比“商品”概念的内涵少。而从外延方面看,由于劳动产品除了包括全部商品外,还包括一些不是用来进行交换的产品,因此我们说“劳动产品”概念的外延比“商品”概念的外延要多,而“商品”概念的外延比“劳动产品”概念的外延要少。

正确把握这种内涵和外延的反变关系,并自觉地运用它,这对我们日常的学习、工作都有一定的意义。比如,在一个班级里要选举产生几名学生干部,哪些人适合做候选人呢？在酝酿中大家可能逐步提出和增加种种条件,如：候选人必须是愿意为大家服务的、是能够联系群众的、是作风正派的、业务学习和身体条件也是比较好的,等等,而随着候选人当选条件逐步增加,全面具有这些条件的人就会越来越少,最后必然集中到少数几个同学身上。在这里,我们就清楚地看到这样一个事实：当提出的条件越少时,能够成为候选人的就越多；当提出的条件越多时,能够成为候选人的就越少,这也就是内涵(条件)和外延(能成为候选人的对象)的反变关系的一种具体表现。人们在选举过程中也大都是利用这种关系,通过逐步增加条件的办法来推选出人们最满意的候选人。

第三节 概念的种类

形式逻辑关于概念的分类，乃是根据概念的最一般的特征进行的。从概念所反映的事物的数量来说，可以分为单独概念和普遍概念；从概念所反映的事物的性质来说，可以分为集合概念和非集合概念，正概念和负概念。而辨明概念的种类则有助于我们明确概念，从而准确地理解和运用概念。

一、单独概念与普遍概念

单独概念是反映某一单个对象的概念。如："北京"、"华东师大"、"鲁迅"、"世界最高峰"等，都是单独概念，其外延都是一个特定的独一无二的对象。

语言中有两种语词表达单独概念，一是专有名词，例如，"上海"、"黄河"；另一是摹状词，即通过对某一特定事物某方面特征的描述而指称该事物的一种词组，例如，"世界第一大河"、"《阿Q正传》的作者"、"世界最高峰"，等等。

普遍概念是反映某一类对象的概念。它适用于这类对象的每一个分子，例如，"人"这个概念，就适用于古往今来每一个人。普遍概念所反映的对象，其数量是不定的，少者只有两个，例如，"《共产党宣言》的作者"；多者可以无穷，例如，"小说"、"诗歌"、"动词"、"名词"、"自然数"等。

二、集合概念与非集合概念

一定数量同类事物的个体可以构成一个集合体，即一个不可分割的整体，反映这种由同类个体事物构成的不可分割的整体的概念就是集合概念。例如："舟山群岛"、"中国工人阶级"等就是集合概念，因为舟山群岛是由组成它的一个个岛屿结合而成的集合体；中国工人阶级是一个个中国工人所结合组成的集合体。不以这种由同类个体事物构成的集合体为反映对象的概念就是非集合概念。例如："岛屿"、"工人"等就是非集合概念。

这里应该注意两点。第一，集合体所具有的属性，其构成分子（即个体）未必具有，而分子所具有的属性，其集合体也不必然具有。我们不能把一类事物的集合体与其构成分子（个体）视为等同。例如，一个先进集体，其成员当然都尽了自己应有的努力，可是这并不表示先进集体中的每一个成员都是先进工作者。第二,有的语词可以在集合意义下使用(因而具有集合概念的性质),也可以在一般的分别的意义下使用(因而具有非集合概念的性质)。我们应当区别这两种不同的用法。例如:

中国青年是勤劳勇敢的青年。

中国青年必须努力学习政治和文化。

"中国青年"在第一句话里是在集合意义下使用的,它仅适用于"中国青年"这个集合体;而在第二句话里则是在分别的意义下使用的,它可分别适用于每一个中国青年。因此,它在第一句话里表达的是一个集合概念,在第二句话里表达的则是一个非集合概念。如果我们混淆了这两种不同的用法,那就有可能引起思维混乱,导致逻辑错误。

三、正概念和负概念

根据概念所反映的事物具有某种属性还是不具有某种属性,概念可分为正概念和负概念。

在思维中反映具有某种属性的事物的概念就叫做正概念(或称肯定概念)。例如,"金属"、"成文法"、"理性"等都是正概念。

在思维中反映那些不具有某种属性的事物的概念就叫做负概念(或称否定概念)。例如,"非金属"、"不成文法"、"非理性"等都是负概念。

从语言角度来看,表达负概念的语词往往带有"无"、"非"、"不"等字样。但应当指出,带有"无"、"非"、"不"等字样的语词所表达的概念并非都是负概念。例如,"无机物"、"无产阶级"、"不管部部长"、"非洲",等等。关键在于在这类概念中是否把"无"、"非"、"不"等词当作否定词来使用。

第四节 概念外延间的关系

客观事物是互相联系的，因而反映事物的概念之间也是互相联系的，这就形成了概念之间的各种不同关系。这种关系既表现在内涵方面，也表现在外延方面，而形式逻辑主要是从外延方面来研究概念之间的关系。

我们说过，概念的外延所反映的是一类一类的或某个独一无二的事物。从外延方面考虑，两个概念所反映的两类或两个事物可能是重合的，也可能是毫无重合之处的。而重合与非重合的情况也各种各样。为了形象地表示概念外延间的各种关系，18 世纪瑞士数学家欧勒(旧译欧拉)首用圆圈来图解这些关系，史称欧勒图解。下面，我们将结合这种图解来分析概念外延间的各种关系。首先，我们按概念在外延上是否有所重合将概念间的关系分为相容关系和不相容关系两大类。

一、概念间的相容关系

所谓概念间的相容关系是指外延至少有一部分是重合的这样两个概念之间的关系。概念间的相容关系有以下三种情况。

(一) 同一关系

同一关系是指外延完全重合的两个概念之间的关系，所以，又称为全同关系。概念 A、B 的同一关系可定义为："凡 A 是 B，并且凡 B 是 A。"例如，"鲁迅"与"《阿 Q 正传》的作者"，"北京"与"中华人民共和国的首都"这两对概念就是分别具有全同关系的概念。因为在这两对概念中，每一对概念所反映的是同一个对象，即它们的外延是完全相同的。这就是说，A、B 两概念是同一的，即当且仅当凡 A 都是 B，并且凡 B 都是 A。概念间的同一关系可用图 2-1 表示。

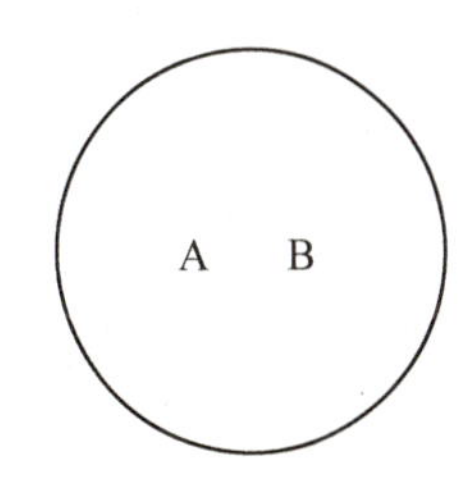

图 2-1 概念间的同一关系

同一关系的概念虽然在外延上是等同的，但是，就内涵来说却有着某些不同。比如，"《阿 Q 正传》的作者"这个概念较之"鲁迅"这个概念而言，就较侧重从《阿 Q 正传》这篇小说与鲁迅之间的关系这个角度来反映鲁迅先生这个客观对象。正因为两个外延相同的概念在内涵上还有所不同，所以我们才说它们是两个概念。否则，如果不仅外延全同，而且内涵也完全相同，那就不是两个概念，而是表达同一个概念的两个不同语词(如“马铃薯”与“土豆”)了。

由于具有同一关系的概念在外延上是重合的，即指着同一事物的，因此，我们在讲话和写作过程中，将两者互换运用，一般并不违反逻辑要求。不仅如此，有时我们还需要有意识地进行这种代换，以使我们在需要多次使用某一概念时，避免用词的重复，从而增加言语和文章的修辞色彩。

在这里需要特别注意的是，我们一定要避免将实质上不具有同一关系的概念当作同一关系的概念来互换使用，否则，就会犯混淆概念或偷换概念的逻辑错误。比如，有这样一段话：

> 日用品同人民日常生活的关系极为密切，举凡衣、食、住、行，从物质生活到文化生活，都离不开它。因此，我们要重视百货的生产，以满足人民日益增长的需要。

这段话是有逻辑错误的。错误就在于作者把“日用品”的概念和“百货”的概念这两个本来不具有同一关系的概念当作同一关系的概念来使用了(前句讲的是“日用品”，后句却改用“百货”，显然把两者视为等同了)。我们知道，“日用品”指的是日常生活必须应用的物品，并非就是商品。而“百货”却指的是商店里出售的货物，是商品。因此，这两个概念显然不具有同一关系。但作者却误认为两者是具有同一关系的，在行文中就用后者替换了前者，从而犯了混淆概念的逻辑错误。

(二) 从属关系

从属关系是指一个概念的外延包含着另一个概念的全部外延的这样两个概念之间的关系。比如：“劳动产品”和“商品”、“学生”和“大学生”这两组概念，都分别具有从属关系。因为“劳动产品”概念的外延包含着“商品”概念的全部外延，而“学生”概念的外延也包含着“大学生”概念的全部外延。所以，两组概念分别有从属关系。在具有从属关系的两个概念中，外延大的概念称为属概念，外延小的概念(即被包含的概念)称为种概念。概念间的从属关系可用图 2-2 表示。

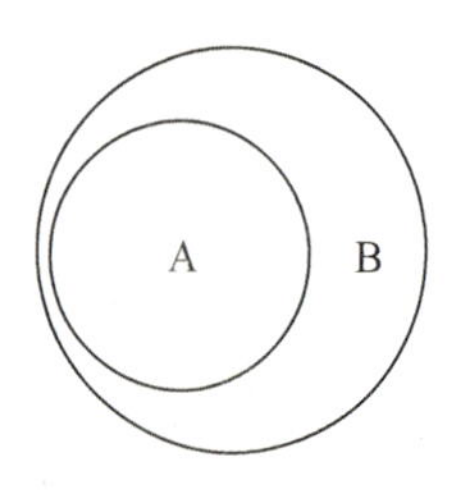

图 2-2 概念间的从属关系

概念间的从属关系实际上表现着以下两种不同的关系：一是 A 对 B 的关系，称之为真包含于关系；一是 B 对 A 的关系，称之为真包含关系。

真包含于关系：一个概念，如果它的全部外延包含在另一个概念的外延之中，并仅仅作为这另一概念的外延的一部分，那么，前一概念对后一概念之间的关系即为真包含于关系，亦称种属关系。概念 A、B 的真包含于关系可定义为：凡 A 是 B，并且有 B 不是 A。真包含于关系可用符号“⊂”表示。这样，A 真包含于 B

则可写为：A⊂B。

真包含关系：一个概念，如其外延包含着另一个概念的全部外延，并且，这另一概念的外延仅仅是前一概念外延的一部分，那么，前一概念对后一概念之间的关系即为真包含关系，亦称属种关系。概念B、A的真包含关系可定义为：凡A是B，并且有B不是A。[①] 真包含关系可用符号“⊃”表示。这样，B真包含A则可写为：B⊃A。

具有从属关系的两个概念，必然具有内涵与外延的反变关系，以前面所举“学生”（属概念）与“大学生”（种概念）为例。“大学生”都是“学生”，但“学生”并不都是“大学生”。因而，“大学生”的全部外延被包含于“学生”的外延之中，也就是说，“学生”概念的外延多于“大学生”概念的外延。但就内涵说，“学生”概念的内涵就要少于“大学生”概念的内涵，因为大学生除了具有一般学生都具有的性质外，还具有一些仅为学生中的大学生所特有的性质，如是在高等学校中按专业进行学习的，等等。因此，“大学生”概念的内涵就多于“学生”概念的内涵。

为了防止出现逻辑错误，必须注意弄清属与种的关系和整体与部分的关系这两种关系的区别。属种关系不是整体与部分的关系。比如车床与车刀的关系，学校与教务处的关系，都是整体与部分的关系。概念“车床”的外延不包含概念“车刀”的外延，概念“学校”的外延也不包含概念“教务处”的外延。所以，我们不能说“车刀是车床”，也不能说“教务处是学校”。而具有属种关系的概念，如“学生”与“大学生”，我们就可以说“大学生是学生”。如果把反映整体的概念和反映部分的概念当作具有属种关系的概念来运用，就会犯逻辑错误。

（三）交叉关系

交叉关系就是外延有并且只有一部分是重合的这样两个概念之间的关系。交叉关系也称部分重合关系。概念A、B的交叉关系可定义为：有的A是B，有的A不是B，有的B不是A。例如，“大学生”与“共青团员”、“作家”与“教师”这两组，每组中两个概念的外延都具有交叉关系。所以，当我们断定A、B两概念具有交叉关系，那就是说，A、B两概念的外延有并且只有一部分是重合的，这重合的部分既是A，又是B。概念间的交叉关系可用图2-3表示。

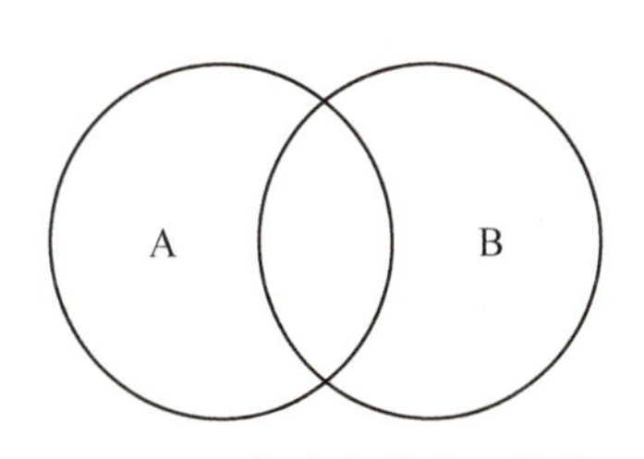

图2-3 概念间的交叉关系

必须注意的是，由于具有交叉关系的概念在外延上是部分重合的，因此，在一

---

① 这一定义形式上与真包含于关系的定义相同，这是因为我们仅用图2-2所示来说明这两种关系。但要注意，一是就A对B而言的，一是就B对A而言的。因而表述虽同，但说明的关系完全不同。

般情况下不能把它们当做互相排斥的概念来使用。如说“鲁迅是作家,不是教师”,那就是错误的。从概念间关系说,这一错误就在于把“作家”与“教师”这两个具有交叉关系的概念当做互相排斥的概念来使用了。

二、概念间的不相容关系

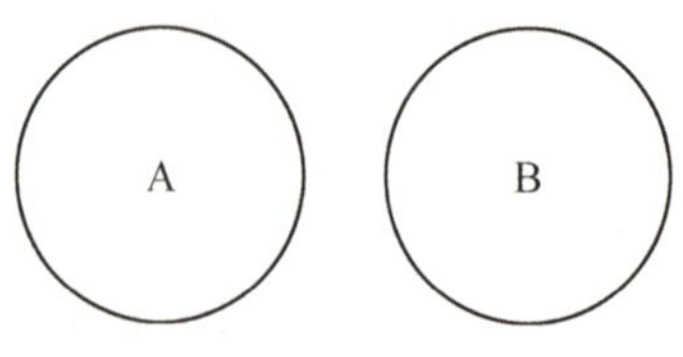

图 2-4　概念间的不相容关系

所谓概念间的不相容关系,是指外延间互相排斥、没有任何重合部分的这样两个概念之间的关系,因而也称全异关系。所谓 A、B 这两个概念不相容,就是说所有 A 不是 B,所有 B 也不是 A。见图 2-4。

例如,“社会主义国家”与“资本主义国家”,“人民内部矛盾”与“敌我矛盾”,等等,都是具有不相容关系的概念。但是,这里要注意一点,虽然两个不相容概念所反映的事物没有共同的分子,但是这并不是说,两个具有不相容关系的概念就没有任何共同的属性。“人民内部矛盾”和“敌我矛盾”是性质截然不同的两类矛盾,但它们又都是社会矛盾而不是自然界的矛盾。同样,“社会主义国家”和“资本主义国家”虽然是社会制度截然不同的两类国家,但它们又都属于“国家”的范畴。

概念间的不相容关系又可分为两种不同关系。

(一) 矛盾关系

矛盾关系是指这样两个概念之间的关系,即两个概念的外延是互相排斥的,而且这两个概念的外延之和穷尽了它们属概念的全部外延。例如:“金属”与“非金属”、“正义战争”和“非正义战争”这两组概念分别都是具有矛盾关系的概念。这就是说,只有当 A、B 两概念的外延互相排斥,并且 A、B 两概念的外延之和等于它们的属概念 C 的外延时,A、B 两个概念才具有矛盾关系。概念间的矛盾关系可以用图 2-5 表示。

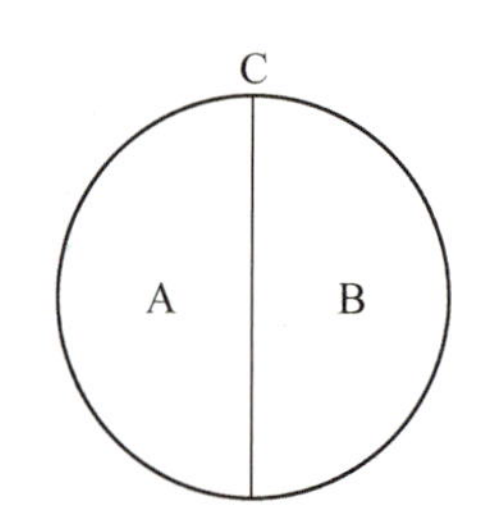

图 2-5　概念间的矛盾关系

具有矛盾关系的两个概念往往一个是正概念,一个是负概念,如上述两组概念。但也有具有矛盾关系的两个概念都是正概念的。如“阳极”和“阴极”、“男运动员”和“女运动员”这两组概念分别都具有矛盾关系,但都是正概念。

(二) 反对关系

反对关系是这样两个概念之间的关系,即两个概念的外延是互相排斥的,而且这两个概念的外延之和没有穷尽它们属概念的全部外延。例如,“社会主义国家”与“资本主义国家”这对概念的外延之和不等于“国家”这一属概念的全部外延，因为在“国家”这一属概念下还包括“封建主义国家”和“奴隶制国家”这样两个不相容概念。由于“社会主义国家”与“资本主义国家”这一对不相容概念的外延之和小于它们的属概念（“国家”）的外延，因此这对概念之间的关系就称作反对关系。这就是说，只有当A、B两个概念的外延互相排斥，并且A、B两个概念的外延之和小于它们属概念C的外延时，A、B两个概念才具有反对关系。概念间的反对关系可以用图2-6表示。

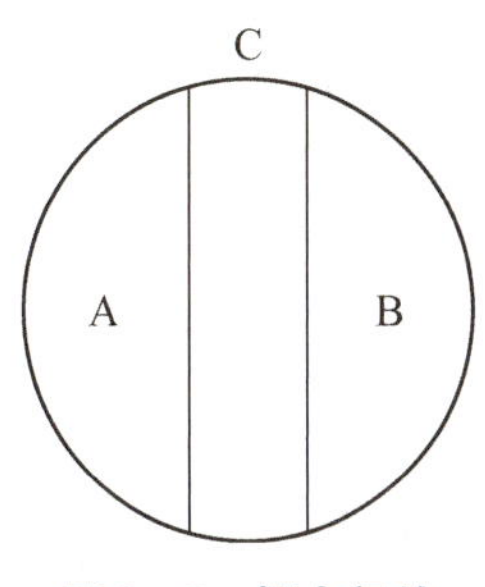

图2-6 概念间的反对关系

从上面的叙述可知，A、B两个概念具有矛盾关系还是具有反对关系，就看它们相对于属概念C来说是否具有排中的性质（即非此则彼，没有中间可能性）；如果具有排中的性质，那么A、B两个概念具有矛盾关系；如果不具有排中的性质，那么A、B两个概念具有反对关系。

在这里我们还要说明的是，无论全异关系中的矛盾关系也好，还是反对关系也好，从唯物辩证法的观点来看，都是一种现实的矛盾关系。这里之所以要作“矛盾”与“反对”的区分，仅仅是就具有全异关系的两个概念相对于其属概念来说是否有排中的性质而言的。除此之外，别无他意。

三、概念间的并列关系

以上所分析的概念间的关系都是指两个概念之间的关系，而且，除从属关系以外，其余各种关系都是同一个属概念下面的各个并列的种概念之间的关系。如果同一个属概念下面并列的种概念不止两个，而是两个以上，应当把它们称做什么关系呢?

因此，为了正确判明概念间的各种关系，我们还必须补充说明一下并列关系的问题。所谓概念之间的并列关系是指属于同一属概念的各个同层次的种概念之间的关系。概念间的并列关系可以分为相容的并列关系和不相容的并列关系。

（一）相容并列关系

如果同一个属概念包含着的几个同层次的种概念的外延是相互交叉的，那么，这几个种概念之间的关系就叫做相容的并列关系。例如，相对于“科学家”这个概念来说，“农学家”、“生物学家”、“化学家”就是几个相容的并列概念。这三个概念都是包含于“科学家”这个属概念之中的同层次的种概念，而且它们之间又是

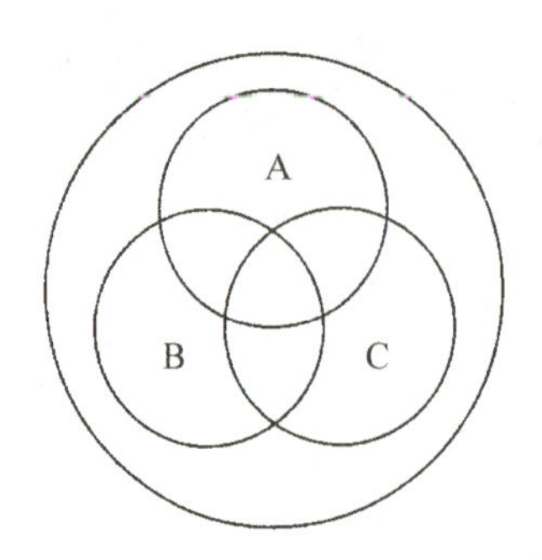

图 2-7 概念间的相容并列关系

可以互相兼容的:有的农学家同时又是化学家和生物学家;有的生物学家同时又是化学家和农学家;有的化学家同时又是农学家和生物学家。

概念间的相容并列关系可用图 2-7 表示:图中的大圆圈表示属概念的外延,小圆圈 A、B、C 表示具有相容关系的三个并列种概念的外延。包含于同一属概念之中的具有相容关系的并列概念,可以是三个,也可以是两个或许多个。

(二) 不相容并列关系

如果属于同一属概念的几个同层次的种概念,其外延彼此排斥,没有任何重合之处,那么,这几个种概念之间的关系就叫做不相容的并列关系。例如,“奴隶社会”、“资本主义社会”、“社会主义社会”,等等,它们之间的关系就是不相容的并列关系。

概念间的不相容并列关系可以用图 2-8 表示:图中的大圆圈表示属概念的外延,小圆圈 A、B、C 表示具有不相容并列关系的三个种概念的外延。包含于同一属概念中的具有不相容关系的并列种概念,可以是三个,也可以是两个或许多个。因此,从并列关系来看,前面讲的概念的矛盾关系和反对关系可以看作是不相容并列关系的两种特殊情况。

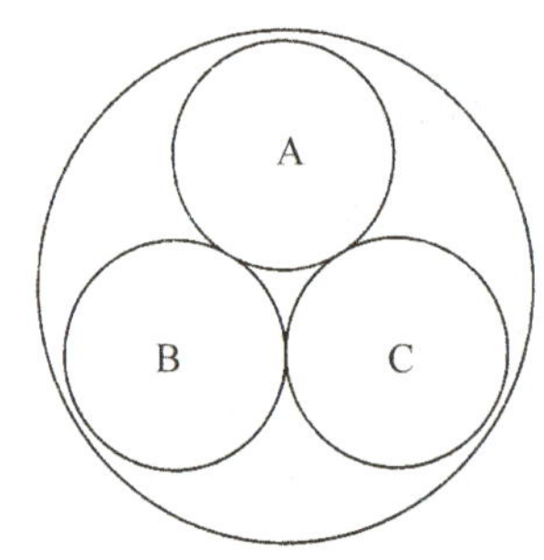

图 2-8 概念间的不相容并列关系

第五节 概念的限制和概括

概念要明确，这是形式逻辑的基本要求之一，列宁说："如果要进行讨论，就必须把概念弄清楚。"①所谓"弄清楚"就是要确切地阐明各个概念，主要是阐明各个概念的确切的内涵和外延。那么怎样来确切地阐明各个概念的内涵和外延呢？形式逻辑为我们提供了一些明确概念的逻辑方法，这些方法是从人们的实际思维中总结出来的。以下各节将分别介绍这些方法。在本节中，我们先介绍概念的限制和概括的方法。

如前所述，概念的内涵和外延具有互相制约的关系。当我们的思维由种概念过渡到属概念，或者由属概念过渡到种概念的时候，概念的内涵和外延在量上表现出一种规律性的变化，这就是内涵同外延的反变关系。概念的限制和概括就是根据内涵同外延的这种反变关系，通过增加或减少概念内涵以缩小或扩大概念的外延来明确概念的一种逻辑方法。

一、概念的限制

概念的限制是通过增加概念的内涵以缩小概念的外延，即由属概念过渡到种概念来明确概念的一种逻辑方法。

例如，毛泽东在《中国革命战争的战略问题》一文中说：

> 战争——从有私有财产和有阶级以来就开始了的，用以解决阶级和阶级、民族和民族、国家和国家、政治集团和政治集团之间，在一定发展阶段上的矛盾的一种最高的斗争形式……
>
> 革命战争——革命的阶级战争和革命的民族战争，在一般战争的情形和性质之外，有它的特殊的情形和性质……
>
> 中国革命战争——不论是国内战争或民族战争，是在中国的特殊环境之内进行的，比较一般的战争，一般的革命战争，又有它的特殊的情形和特殊的性质。②

在这一段论述中，毛泽东对"战争"这一概念就是用逐步增加其内涵从而缩小其外延，即用限制的方法来加以明确的。在限制的过程中不仅明确了"战争"、"革

① 《列宁全集》第八卷，人民出版社 1986 年版，第 133 页。
② 《毛泽东选集》第一卷，人民出版社 1991 年版，第 171 页。

命战争”、“中国革命战争”这几个概念的内涵,而且同时也明确了这几个概念在外延之间的属种关系。

对一个外延较大的概念,可以进行多次限制,但究竟限制到哪一个较小的概念才算达到了明确概念的目的,这要看人们在表达和交流思想时的具体论域①。比如,毛泽东写《中国革命战争的战略问题》一文是要论述中国革命战争的规律以及指导中国革命战争的战略战术。所以,如果只论述一般革命战争的规律或特殊的革命战争的规律,那么人们对中国革命战争的规律的认识还是不够明确的,因此还要论述更加特殊的中国革命战争的规律。由此可见,对概念进行必要的限制有助于使人们的认识具体化。

限制的方法只适用于普遍概念,或者说只适用于包含有种概念的属概念。由于单独概念只反映一个独一无二的对象,所以对单独概念不必也不能加以限制。有时,人们在表达和交流思想时往往在表达单独概念的语词前面加上某种限制词以突出和强调这个单独概念所反映的客观对象的某种属性或关系,但这仅仅是把单独概念本身内涵中的某个或某些方面揭示出来而不是增加它的内涵。所以,即使在单独概念前面加上某种限制词,也不能叫做限制。比如“勤劳勇敢的中华民族”、“一泻千里的长江”等就是如此。

为了使对概念的限制真正能起到明确概念的作用,必须根据概念本身的逻辑特性和具体论域来对概念加以限制,否则就有可能犯“限制不当”的逻辑错误。例如,有人这样说,“对这种错误的谬论必须坚决予以驳斥”。在这一判断中,“谬论”这一概念本身就包含有“错误的”含义,是指错误的理论或观点,如果再用“错误的”来加以限制反而使人觉得,似乎“谬论”不一定是“错误的”,而使这一概念变得不明确了。这可以说是一种“多余限制”。所以,在这里或者删去“错误的”三个字,或者把“谬论”改为“思想”或“理论”,这句话就明确了。

二、概念的概括

概念的概括是通过减少概念的内涵以扩大概念的外延,即由种概念过渡到属概念以明确概念的一种逻辑方法。

例如,当我们说“小说是通过人物的塑造和情节、环境的描写来概括地表现社会生活矛盾的一种文学体裁”时,我们的思维过程就由“小说”这一概念过渡到“文学体裁”这一概念,这就是一个概括的过程。但为了使这一概括过程得以实现,我们就必须减少“小说”这一概念中所包含的“通过人物的塑造和情节、环境的描写

① 论域是指一定的语句或对话中所论及的对象的范围。确定论域,对理解负概念特别重要。例如,非金属,它的论域是元素,反映金属以外的一切元素,不能脱离这个论域,以为它反映金属以外的一切事物。

来概括地表现社会生活矛盾”这一部分内涵。由于从“小说”这一概念中减少了这一部分内涵,剩下的就只是“文学体裁”的涵义,因而就概念来说也就从“小说”这一概念过渡到了“文学体裁”这一概念。

在表达和交流思想的过程中,如果我们对某些概念作必要的概括,就可以进一步加深人们对这些概念的理解。例如,毛泽东在《反对自由主义》一文中列举了自由主义的十一种具体表现之后说,“所有这些,都是自由主义的表现”[①],同时又进一步指出,“自由主义是机会主义的一种表现,是和马克思主义根本冲突的”[②]。在这里,毛泽东就把自由主义的各种具体表现概括为“自由主义的表现”,又进一步概括为“机会主义的表现”,从而加深了人们对自由主义的实质及其危害性的认识。

在一定范围内,对一个外延较小的概念可以连续进行概括。由于范畴是某一科学体系中外延最广的概念,因此对一个特定的论域来说,关于该论域的科学体系中的基本范畴就是这一学科中进行逻辑概括的极限。如果继续概括下去,就会超出该学科的论域,从而不能起到明确概念的作用。

为了使概念的概括能真正起到明确概念的作用,同样必须根据概念本身的逻辑特性和具体论域来对概念进行概括,否则就有可能犯“概括不当”的逻辑错误。例如,我们说“不随地吐痰”是一种“良好的卫生习惯”,是人人应该遵守的“社会公德”。对“不随地吐痰”作这样的概括是恰当的。但如果把“不随地吐痰”概括为“高尚的共产主义品德”,这就过分了,因而也就是概括不当了。

---

① 《毛泽东选集》第二卷,人民出版社 1991 年版,第 360 页。

② 同上书,第 361 页。

第六节 定 义

一、什么是定义

我们已经知道,明确一个概念就是明确这个概念的内涵和外延。而明确一个概念的内涵,就是要明确这个概念所反映的对象的特点和本质。定义就是这种明确概念内涵的逻辑方法。具体地说,定义是揭示概念所反映的对象的特点或本质的一种逻辑方法。比如:

(1) 商品就是用来交换的劳动产品。

(2) 人们在生产过程中发生的社会关系叫做生产关系。

这里,我们就分别揭示了“商品”、“生产关系”的特点和本质,从而作出了关于“商品”和“生产关系”这两个概念的定义。从这两个例子中,我们可以看出,定义的具体内容可以各种各样,它的语言表现形式也可以有所不同[如(1)、(2)就不同]。但是,定义总是由被定义项和定义项以及定义联项三个部分构成。被定义项是其内涵需要揭示和明确的概念。定义项是用来揭示和明确被定义项内涵的那个概念。如在例(1)和例(2)中,“商品”和“生产关系”就是被定义项,“用来交换的劳动产品”和“人们在生产过程中发生的社会关系”就是定义项。定义联项则是用来联结被定义项与定义项的概念。在现代汉语中,定义联项常用“就是”、“所谓……就是”、“即”、“是”等来表示。

人们的认识是发展的,概念不是一成不变的,因此定义也是发展的。所以,在不同的历史时期,人们对同一概念往往会作出不同的定义。而且,即使在同一历史时期,具有不同学术观点的人,和在阶级社会中,具有不同阶级地位的人对同一事物有不同的观点、不同的态度,他们对于反映这些事物的概念,也会作出完全不同的定义。此外,由于任何事物都是多种性质、多种规定性的统一,不同的学科,也可以从不同的角度,突出所研究对象的某些方面而视之为该研究对象的本质,从而对于反映这个事物的概念也就可以作出不同的定义。如:“水”在化学中和物理学中的定义就有所不同。在化学中,从水的成分看,“水是由两个氢原子和一个氧原子化合成一个水分子而构成的物质”。在物理学中,从水的物理特性看,“水是无色、无味的透明液体,在一个大气压下,在气温零摄氏度时结冰,一百摄氏度时沸腾”。于是,同一个对象就形成了两个不同的定义。

事物有许多方面,一个定义不可能把事物的多方面的本质都揭示出来。因此，虽然定义能够揭示事物某一方面的本质，用简短的形式把我们关于事物的认识总结出来，从而使概念明确，但是，任何定义都不能穷尽事物所具有的丰富内容，因此正如毛泽东所说："我们讨论问题，应当从实际出发，不是从定义出发。"[①]我们决不能用定义代替对事物的具体分析。

二、下定义的方法

怎样给一个概念下定义才能揭示这个概念的内涵，即揭示出这个概念所反映的那类事物的特点或本质呢？最常见的一种下定义方法是属加种差的方法。列宁说："下'定义'是什么意思呢？这首先就是把某一个概念放在另一个更广泛的概念里。"[②]譬如我们在给"商品"这个概念下定义时，首先是把商品包含在劳动产品这更大的一类中，在这里，"劳动产品"这个概念是属概念，"商品"是种概念。于是，我们就初步认识到"商品"是"劳动产品"。但这样的认识还没有揭示出商品这一事物的特点或本质，因为它还没有把商品跟其他劳动产品区别开来。因之第二步就要着力找出在并列的许多种中，使这个种与其他种相区别的性质来，这种性质叫做种差。比如，"用来交换"这一性质，就是区别商品与一切其他劳动产品的种差。只有当我们不仅知道商品包含在劳动产品之中，而且还知道商品与一切其他劳动产品的根本区别就在于它具有"用来交换"这种性质时，我们才真正揭示了商品的本质，明确了"商品"这个概念的内涵，也只有在这个时候，我们才能给"商品"概念作出这样的科学定义：商品是用来交换的劳动产品。由此可见，通过属加种差下定义的方式，如果用一个简单的公式来表示，就是：

被定义项 = 种差 + 邻近的属概念

上面列举的"商品"、"生产关系"这两个概念的定义，就是根据这种方式作出的。

这里需要说明的是，揭示被定义项的种差有不同的情况。比如，前述关于"商品"、"生产关系"这两个概念的定义是通过直接揭示被定义概念所反映的客观事物所具有的本质属性来作出的。另有一种情况是，其种差是通过揭示事物或现象产生的原因来揭示事物的本质的。比如："当地球运行到月球和太阳中间时，太阳的光正好被地球挡住，不能照射到月球上去，因此，月球上就出现黑影，这种现象叫月食。"这个定义的种差揭示的是月食这一天文现象发生的原因。这种定义叫做发生定义。还有一种情况是，其种差是通过揭示被定义概念所反映的对象与另一对象之间的关系，或它与另一对象对第三者的关系来揭示事物的本质的，这种定义叫关系定义。如"偶数就是能被 2 整除的数"就是一个关系定义，因为它揭示

---

① 《毛泽东选集》第三卷，人民出版社 1991 年版，第 853 页。
② 《列宁选集》第二卷，人民出版社 1995 年版，第 107 页。

了偶数与 2 的关系。

属加种差定义的方法不是对任何概念都是适用的。例如,哲学范畴是对一切科学概念的最高概括,因而是外延最大的概念,所以就不能用属加种差的方法来下定义。但这并不是说对哲学范畴不能下定义。事实上,每一个哲学范畴都有其科学的定义。列宁在《唯物主义和经验批判主义》一书中谈到“物质”和“意识”这两个哲学概念时指出:“对于认识论的这两个根本概念,除了指出它们之中哪个是第一性的,实际上不可能下别的定义。”这就是说,给哲学概念(范畴)下定义是通过指明被下定义的概念(范畴)同与其处于对立统一关系中的另一概念(范畴)的关系来进行的。如列宁给“物质”概念下的定义是:“物质是标志客观实在的哲学范畴,这种客观实在是人通过感觉感知的,它不依赖于我们的感觉而存在,为我们的感觉所复写、摄影、反映。”①

上述各种定义都是通过揭示反映在概念中的对象的特性或本质来明确概念的,所以也可称为本质定义,亦称真实定义。

另外还有一种定义叫语词定义。语词定义是表明某一语词表达什么概念的定义,因而是明确概念的一种辅助方法。语词定义又分为说明的语词定义和规定的语词定义两种。

所谓说明的语词定义是对某一语词已被确定的意义加以说明。例如,有人不了解“乌托邦”这一语词的意义,我们就可以引用列宁的话说:“乌托邦是一个希腊语词,希腊文中,‘ou’意为‘没有’,‘τoπoȢ’意为地方。乌托邦的意思是没有的地方,是空想、虚构和神话。”②列宁的话从字源和意义上对“乌托邦”这一语词作了说明,所以是一个说明的语词定义。

规定的语词定义是对某一语词(或符号)规定某种意义。例如,“五讲四美是指讲道德、讲文明、讲礼貌、讲秩序、讲卫生,做到心灵美、语言美、行为美、环境美”。又如,对爱因斯坦提出的质能关系式“$E = mc^2$”,指出其中“E”表示能量,“m”表示质量,“c”表示光速。这些都是规定的语词定义。

三、下定义应当遵守的逻辑规则

为了使定义下得正确,我们在给概念下定义时,必须遵守下定义的规则。下定义的规则有以下四条:

1. 定义项与被定义项的外延必须重合。

也就是说,定义项与被定义项必须在外延上具有全同关系,必须在外延上是

---

① 《列宁选集》第二卷,人民出版社 1995 年版,第 89 页。
② 同上书,第 297 页。

完全相等的。如果违反这条规则，定义项的外延就会比被定义项的外延或多或少。在这两种情形下，定义项都不能正确地揭示被定义项的内涵。如：在“形式逻辑是关于直言推理的科学”这个定义中，“关于直言推理的科学”这个定义项的外延，比“形式逻辑”这个被定义项的外延少，因为形式逻辑除了研究直言推理外，还研究概念、命题及另一些推理。这种错误，逻辑上称之为“定义过窄”。反之，如果把形式逻辑定义为“关于正确思维的科学”，这也不正确。因为“关于正确思维的科学”这个定义项的外延比“形式逻辑”这个被定义项的外延多，“关于正确思维的科学”除了形式逻辑外，还有辩证逻辑，等等。这种错误，逻辑上称之为“定义过宽”。

2. 定义项不应该直接或间接地包括被定义项。

所谓下定义就是用定义项去明确被定义项。事实上，也正是因为被定义项不明确，才需要用定义项去加以明确。因而定义项本身必须是一个明确的概念。若定义项直接或间接包括被定义项，则定义项本身就不明确，因而被定义项也就无法得到明确。违反这条规则的错误称为“循环定义”的错误。比如，“主观主义者就是主观主义地观察和处理问题的人”，这就是一个循环定义。它实际上是同语反复，等于什么也没有说。这是定义项直接包括被定义项的例子。又如，“太阳就是白昼发光的星球”，这也是循环定义。“白昼发光的星球”这个定义项间接地暗含着“太阳”这个被定义项，因为所谓“白昼”，就是太阳照射在地球上的那段时间。这种循环定义逻辑上又称为“无限循环”。

3. 定义不应包括含混的概念，不能用隐喻。

下定义必须以简洁的语句，确切地揭示被定义项的内涵，而含混的概念和隐喻都不能明确揭示被定义项的内涵。比如，杜林曾给“生命”下过这样一个定义：生命是“通过塑造出来的模式化而进行的新陈代谢”。这不仅是一个内容错误的定义，而且，从逻辑上说也是一个表述含混、模糊，而让人难明所以的概念，因而也是违反下定义的这条规则的。正因此，恩格斯在引用这段话时用括号注释道：“这究竟是什么玩艺儿?”并斥之为“胡说八道”。另外，定义用比喻也不行。有的比喻，如“建筑是凝固的音乐”、“儿童是祖国的花朵”，虽然很形象，意义也很深刻，但作为定义使用则不行。因为，它没有明确地、直接地揭示出被定义项的内涵。

4. 定义不应当是否定的。

给概念下定义就是为了要明确揭示概念的内涵，因此，必须正面揭示它是什么，它具有什么性质，因而作为定义的命题必须是肯定的命题。如果定义是否定的，则它只能说明被定义项不是什么，如“有机物不是无机物”，“经济基础不是上层建筑”，这都只是否定了它是什么，否定了它具有什么性质，而没有直接揭示出“有机物”、“经济基础”所固有的特性和本质，因此，它不符合定义的要求。

以上四条规则是下定义时必须遵守的。但必须了解，仅靠这些规则对于作出一个正确的定义来说只是必要条件,而非充分条件。因为,要作出一个正确的定义,首先必须具有有关事物的具体知识。形式逻辑不能提供关于事物的具体知识,不能告诉我们事物的特点或本质是什么。要获得具体知识,掌握事物的特点或本质,就必须学习相关的科学知识,对事物进行认真的、周密的调查研究。不能认为只要掌握了几条定义规则就足以对概念作出正确的定义。

第七节 划 分

一、什么是划分

要明确概念，除了依靠定义来揭示概念的内涵，揭示这个概念所反映的事物的特性和本质以外，人们还需要了解概念的外延，了解一个概念究竟反映哪些事物。划分就是帮助我们明确概念外延，从而明确概念的另一种逻辑方法。不少概念的外延是一类事物，把其中的每一个事物一个一个地列举出来，有时不必要，有时也不可能（如在该类事物包含的分子很多，甚至是无限的情况下）。要揭示一个概念的外延，我们往往只需将这个概念所反映的一类事物按照一定的性质分为若干个小类就可以了，而不必一个一个地列举这类事物所包含的个别对象。譬如，我们可以按照矛盾性质的不同，将“社会矛盾”分为“人民内部矛盾”与“敌我矛盾”。根据生产方式的不同，将历史上出现的“社会形态”分为“原始社会”、“奴隶社会”、“封建社会”、“资本主义社会”、“社会主义社会与共产主义社会”。

将一个概念所反映的一类事物，按照某个或某些性质分为若干个小类，这就叫划分。划分是明确概念的另一种逻辑方法。

划分是由三个要素组成的。被划分的概念称为划分的母项，划分后所得的概念称为划分的子项，划分时所依据的对象的属性或特征叫做划分的根据。上述两例中的“社会矛盾”和“社会形态”就分别是划分的母项；“人民内部矛盾”与“敌我矛盾”，以及“原始社会”、“奴隶社会”、“封建社会”、“资本主义社会”、“社会主义社会与共产主义社会”分别是划分的子项；前一例以社会矛盾的性质作为划分的根据，后一例以社会生产方式作为划分的根据。由于客观对象的属性的多样性，因此，划分的根据不是唯一的。至于选择何种属性或特征作为划分的根据则要由实际需要来确定。例如，根据篇幅的长短，可以将“小说”这一概念划分为“长篇小说”、“中篇小说”、“短篇小说”；根据创作年代，则可以将“小说”这一概念划分为“古典小说”和“现代小说”。

划分的方法只适用于普遍概念，而不适用于单独概念。因为划分是在思维中把一个普遍概念所反映的一类对象分成若干个小类的方法，而单独概念所反映的是一个独一无二的对象，外延已经是明确的。所以，对单独概念没有必要，也不可能进行划分。

划分又不同于分解。划分是把一个属概念分成若干个种概念，母项与子项之间具有属种关系。而分解是在思维中把作为整体的对象分成若干组成部分。而就概念来说,反映整体的概念同反映部分的概念并不具有属种关系,就对象本身来说,部分不具有整体的属性。例如,“地球分为南半球和北半球”,这是分解,而不是划分。因为它只是把地球这个整体,分成南、北半球两个部分,而“地球”这个概念与“南半球”、“北半球”这两个概念之间不具有属种关系,所以不能将划分与分解混同。

二、划分的种类和方法

划分既可以是一次划分,也可以是连续划分。

所谓一次划分就是将一个需要明确其外延的概念只划分一次,划分的结果只有母项和子项两个层次。上面所举的例子都是一次划分。

连续划分就是在第一次划分之后,又根据一定的标准对第一次划分之后所得的子项再进行划分,以此类推,一直到满足需要,即明确概念的外延为止。例如,根据需要,我们将“文学作品”这一概念先按创作体裁划分为“小说”、“诗歌”、“散文”、“戏剧”。然后对子项中的“小说”这一概念按篇幅长短再划分为“长篇小说”、“中篇小说”、“短篇小说”。这就是连续划分。

此外,还有一种特殊的划分:二分法。二分法是根据对象有无某种属性或特征对概念所作的划分。例如,根据战争是否具有正义性,可以将“战争”这一概念划分为“正义战争”与“非正义战争”这两个概念。二分法所得到的结果只有两个子项,而且是一对具有矛盾关系的概念。而具有矛盾关系的两个概念中,往往有一个是负概念。由于负概念只表示对象不具有某种属性,而并不表示它具有什么属性,因此就这一负概念本身来说其外延仍然是不明确的。例如,当我们把“全厂职工”这一概念用二分法划分为“党员”和“非党员”这两个概念时,“非党员”这一概念究竟是“团员”还是“一般群众”(既不是党员,也不是团员)是不明确的。但是,当我们只需要了解全厂职工中党员所占的比例时,用二分法就可以达到明确概念的目的。

划分同科学分类有联系,又有区别。划分是分类的基础,分类是划分得以进行的特殊形式。任何分类都是划分,但不是所有的划分都是分类。两者的区别主要是:①根据不同。可以把事物互相区别开来的一切属性或特征都可作为划分的根据,但分类必须以对象的本质属性和显著特征为根据。②作用不同。划分既可用于科学分类,也可用于日常实践的需要,而分类主要用于科学研究,使科学知识系统化,因而分类的结果具有较固定的和较长远的意义。

三、划分的规则

为了使划分真正能起到明确概念的作用，在对概念进行划分时必须遵守如下几条规则：

1. 划分应当相应相称。

所谓划分应当相应相称是指划分所得的各子项的外延之和应该等于母项的外延。违反这一条规则就会犯“划分不全”或“多出子项”的逻辑错误。例如，如果仅仅把“文学作品”划分为“小说”、“诗歌”和“散文”，这就犯了“划分不全”的逻辑错误，因为把“戏剧”这个子项遗漏了；如果把“文学作品”这一概念划分为“小说”、“诗歌”、“散文”、“戏剧”和“美术”，这就犯了“多出子项”的逻辑错误，因为“美术”不属于文学作品。

2. 划分所得的各子项，其外延必须互相排斥。

这就是说，诸子项之间的关系必须是不相容的关系。这是因为，如果诸子项之间是相容的，那就会使一些分子既属这个子项，又属另一子项，这就达不到明确概念外延的目的。违反这一条规则就要犯“子项相容”的逻辑错误。例如，如果把“人大代表”这一概念划分为“党员代表”、“工人代表”、“农民代表”、“妇女代表”、“少数民族代表”、“知识分子代表”，这就犯了“子项相容”的逻辑错误，因为这几个子项的外延不是互相排斥的。作这样的划分，“人大代表”这一概念的外延仍然是不明确的。

3. 每次划分必须按同一标准进行。

这就是说，每次划分的根据必须同一。这是因为，划分的根据是划分的决定因素。对于同一母项，划分根据不同，所得子项也就必然不同。因此，同一次划分只能采用同一个划分根据。违反这一条规则就要犯“混淆根据”的逻辑错误。例如，把“文学作品”这一概念划分为“古典文学作品”、“现代文学作品”、“现实主义文学作品”和“浪漫主义文学作品”，这就犯了“混淆根据”的逻辑错误。因为前两项的划分根据是创作年代，而后两项的划分根据是创作方法，两者是不同的。

以上三条规则是互相联系的。如果违反了其中的某一条规则，就有可能同时违反另一条规则。例如，把“文学作品”划分为“古典文学作品”、“现代文学作品”、“现实主义文学作品”和“浪漫主义文学作品”，既犯了“混淆根据”的错误，同时也犯了“子项相容”的逻辑错误。

遵守划分的逻辑规则是明确概念外延的必要条件。要真正对概念作出正确的划分，还必须具备相应的具体科学知识。这一点无须多说了。

练习题

1. 在下列句子中,哪些语词或语句是标有横线的概念的内涵或外延?

(1) 艺术是通过塑造形象,具体地反映社会生活,表现作者一定思想感情的一种社会意识形态。由于表现的手段和方式的不同,艺术通常可分为表演艺术(如音乐、舞蹈)、造型艺术(如绘画、雕塑)、语言艺术(如文学)和综合艺术(如戏剧、电影)。

(2) 辩证唯物主义认为,无比众多的运动着的物质,存在于无限的空间、时间之中,这就是宇宙。宇宙中的物质有分散的,有集中的。分散的称为星际物质,集中的日月星辰则称为天体。所有的天体可分为六类,即恒星、行星、卫星、彗星、流星和星云。

(3) 国家是阶级矛盾不可调和的产物。国家是阶级统治的工具。现在世界上存在着各种不同的国家,而主要的是有两类性质根本不同的社会制度的国家,一类属于社会主义制度的国家,一类属于资本主义制度的国家。

(4) 生产资料是人们进行生产活动时所必须具有的物质资料,如土地、森林、水流、矿源、生产工具、生产建筑物、交通工具等。

(5) 科学是人们关于自然、社会和思维的知识体系。科学是一种社会意识形态。但它与艺术不同,艺术是通过各种典型的、生动的、具体的形象来反映客观世界的;而科学则是通过概念、定义、公理等逻辑思维形式来反映客观世界的。科学分为自然科学和社会科学两大类,而哲学则是自然知识和社会知识的概括和总结。

(6) 宪法是国家的根本法,它通常规定一个国家的阶级性质、社会制度、国家制度、国家机构、公民的基本权利和义务等。在不同时代和不同类型的国家里,它的形式和内容有所不同,但它都是统治阶级意志的表现,是实现其阶级统治的重要工具。资本主义国家的宪法体现着资产阶级的意志,维护资本主义的剥削制度,但又竭力掩盖其阶级本质,有着很大的虚伪性。社会主义国家的宪法是无产阶级意志的体现,是进行社会主义革命和社会主义建设的强大武器。

解题思路:

求解此类问题,关键是要明白“内涵”和“外延”这两个概念本身的内涵和外延,明确“内涵”是指反映在概念中的事物的特性、本质,“外延”是指概念所反映的某个或某类事物。按此,以题(1)为例,凡属从性质方面来说明“艺术”这一概念的那些语词或语句,就是艺术概念的内涵(如本题的前一句);凡属通过列举一个或一类事物(包括对一类事物进行的划分和分类)来说明“艺术”这一概念的语词或语句,就是“艺术”这一概念的外延(如本题的后一句)。

2. 下列句子中标有横线的语词表达何种概念(单独或普遍、集合或非集合)?

(1) 人民,只有人民才是创造世界历史的真正动力。

（2）在我们的国家里，人民享受着广泛的民主和自由，同时又必须用社会主义的纪律来约束自己。

（3）群众是真正的英雄，而我们自己则往往是幼稚可笑的。

（4）我们的干部必须关心群众生活，注意工作方法。

（5）词是最小的能自由运用的语言单位。

（6）根据森林的效益，可以将森林分为防护林、用材林、经济林、薪炭林、特殊用途林。

解题思路：

回答这类问题必须首先明确，集合概念是反映一类事物集合体的概念，它虽然是由其一类事物中的诸多分子所构成，但它同组成它的各个分子之间并不存在属种关系。这是集合概念与普遍概念（也是由一类分子所组成）相区别的一个重要标志：普遍概念与组成它的个别分子之间存在属种关系。弄清这种区别后，就可对本题所列各题作出正确回答了。如以题(1)为例，由于其中的“人民”概念指的是“创造世界历史的真正动力”的“人民”，显然指的不是某一个一个的“人民”，而是指的所有“人民”的集合体，故该语词所表达的是一个集合概念。而作为集合概念，它也就是一个单独概念，因为，“创造世界历史的真正动力”的人民集合体只能是一个。

3. 请用图形表示下列各句中标有横线的概念之间的外延关系。

（1）马克思主义哲学就是辩证唯物主义和历史唯物主义。

（2）中国共产党是工人阶级的先锋队，是不谋任何私利的政党。

（3）印度地处亚洲，这个亚洲国家是发展中国家。

（4）小明是个小学生，他表姐是个中学生并且是三好学生，他爸爸是个工人。

（5）一个人的知识不外直接经验的知识和间接经验的知识两部分。

（6）科研工作者、教育工作者是脑力劳动者，脑力劳动者也是劳动者。

（7）鲁迅是伟大的文学家、伟大的思想家和伟大的革命家。

（8）小说和戏剧都是文学作品。

解题思路：

回答这类问题，首先应把题中举出的各个概念在外延间的关系搞清楚；其次，应把欧勒图如何用图形来表示概念在外延间的各种关系搞清楚；然后，再用图形来表示题中举出的各个概念之间在外延上的关系。如以题(6)为例，首先应分析“科研工作者”与“教育工作者”两个概念在外延间的关系，明确它们乃是“脑力劳动者”下属的两个并列的种概念，而且，二者在外延上有一部分是可以重合的，即外延上交叉的，因而二者是具有交叉关系的，用欧勒图即可表示为：

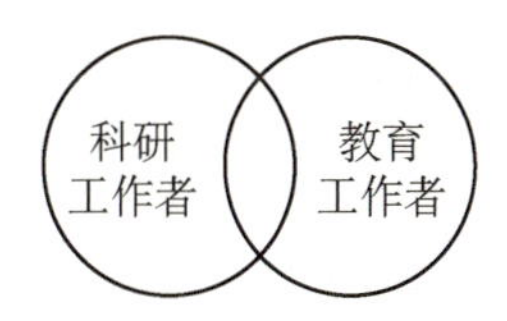

而由于二者都为“脑力劳动者”的种概念,故又可图示为:

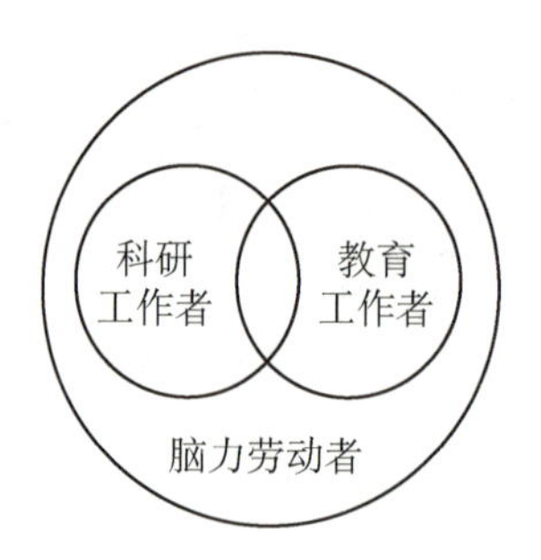

再由于“脑力劳动者”又是“劳动者”的种概念,又可将全题图示为:

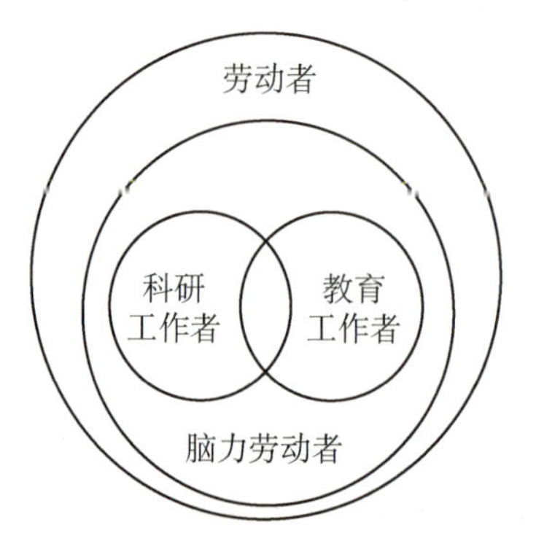

4. 请自选具有下列各图所示关系的概念,分别填在图中。

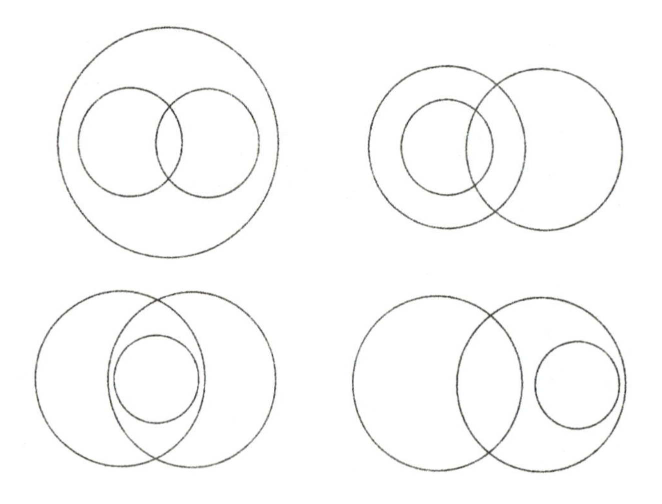

解题思路:

与前题正好相反,对这类题的解答,首先应从分析各种图形所表示的概念间在外延上的关系入手。如以第二个图形(上行右图)为例,可先分析图形中左边的 (A B) 图形表示的概念外延间关系属属种关系，然后再辨明两个大圆形所表示的概念间关系为交叉关系，最后，再弄清在A、C交叉关系中还存在C与B之间的交叉关系。按此，如以“教师”与“中学教师”分别代入A、B，再以“共产党员”代入C，这样，该题即可得解。（为了思考和表述方便，可先将各图形用A、B、C……等符号表示之）

5. 请对下列概念进行一次限制和概括。

（1）唯物主义　　（2）科学
（3）生产关系　　（4）社会主义国家
（5）大学生　　（6）戏剧
（7）行星　　（8）工艺品

解题思路：

本题只要分别找出所列概念的上位概念（即属概念）和下位概念（即种概念），题目即可得解。如题(1)“唯物主义”，其上位概念为“哲学”，其下位概念为“辩证唯物主义”，就可完成“唯物主义”概念的一次概括和限制。

6. 下列语句作为定义是否正确？为什么？

（1）语言不是上层建筑。
（2）机会主义者就是看机会而采取行动的人。
（3）政治经济学是研究资本主义生产关系发展规律的科学。
（4）奇数就是偶数加1或减1而成的数，偶数则是奇数加1或减1而成的数。
（5）狮子是兽中之王。
（6）资本家乃是剥削别人劳动的人。
（7）商品是通过货币进行交换的劳动产品。
（8）正方形就是四边相等的四边形。

解题思路：

可分别用下定义的几条规则予以判定。如题(1)“语言不是上层建筑”是一个否定命题，它只说明“语言”不是什么，并未明确回答“语言”是什么，故以它作为“语言”的定义是不正确的，违反了“下定义不应当是否定的”这条规则。

7. 下列划分是否正确？为什么？

（1）华东师范大学分为文科各系和理科各系。
（2）逻辑学分为形式逻辑、辩证逻辑、现代逻辑、古典逻辑。
（3）概念分为概念的内涵和概念的外延。
（4）科学分为哲学、逻辑学、政治经济学和各门自然科学。

(5) 文学作品分为古典文学作品、现代文学作品、现实主义文学作品等。

(6) 地球分为南半球和北半球。

(7) 中国的少数民族分为蒙古族、藏族、回族、满族、维吾尔族和汉族等五十多个民族。

(8) 期刊分为月刊和季刊。

解题思路:

可用正确划分必须遵循的几条规则来予以判定。如题(1)中的“华东师范大学”是一个单独概念,是不能进行划分的。题中将其分为“文科各系”和“理科各系”是不正确的,因为“华东师范大学”是一所大学,“大学”与其各个系之间的关系是整体与部分的关系,而不是属概念与种概念之间的关系。因此题目所示只是一种分解,而不是划分。故不正确。

8. 请运用有关概念的逻辑知识具体分析并改正下列语句中的逻辑错误。

(1) 如果一天能记住三个词汇,一年就有一千多。

(2) 必须批判绝对平均主义、自由主义和各种非无产阶级思想。

(3) 为了避免不再产生类似的问题,我们建立了必要的规章制度。

(4) 开学以来,老师对自己十分关心,一有进步,就表扬自己。

(5) 我要努力补上自己学习上的弱点,争取更上一层楼。

(6) 学习方法的好坏是取得良好成绩的重要条件之一。

解题思路:

本题要求运用有关概念的各种逻辑知识,如关于概念的内涵和外延的知识、概念的种类、概念在外延间的各种关系的知识,去分析和识别所列各题中运用概念产生的逻辑错误。如题(1)中的“词汇”一词,表达的是一个集合概念,而集合概念一般为单独概念,是不能用数量词去说明和限制的,即不能有“三个词汇”、“一千多”词汇的用法。故本题存在误用集合概念的错误。再如题(4)中“开学以来,老师对自己十分关心……”一句中的“自己”一词表达的概念外延不清、所指不明:究竟是指老师“自己”呢?还是指说话者本人的“自己”呢?不明确。这就是一种概念不明确的逻辑错误。如将其中两处“自己”都改为“我”,概念就明确而不至于犯这样的逻辑错误了。

9. 填空题。

(1) 概念的基本逻辑特征是任何概念都有________和________。

(2) 从概念的外延关系看,“教师”与“劳动模范”具有________关系,“陈述句”与“疑问句”具有________关系。

(3) 如果“凡A不是B”,那么A与B在外延间具有________关系;如果“凡A是B并且凡B是A”,那么A与B在外延间具有________关系。

(4) 在定义“犯罪就是危害社会的、触犯刑律的、应受刑法处罚的行为”中,种差是________,属是________。

(5) 一个定义项真包含于被定义项,则该定义犯的逻辑错误是________。

(6) 在一个正确的划分中,“母项”与“子项”在外延上具有________关系,而“子项”和“子项”之间则具有________关系。

(7) 具有属种关系的概念的内涵和外延间的反变关系,是对概念进行________和________的逻辑根据。

(8) 划分后各子项外延之和大于母项外延,就会犯________的错误;划分后各子项外延之和小于母项外延,就会犯________的错误。

解题思路:

本题主要涉及有关概念的一些基本知识,只要按题意将相关知识填入空格即可。如以题(3)为例,前一空格给出的已知条件是:“凡 A 不是 B”,表明 A 与 B 在外延上是不相容的、相互排斥的,按此,既可填空为“不相容关系”,也可填为“全异关系”。后一填空已知条件为“凡 A 是 B 并且凡 B 是 A”,这表明 A 与 B 在外延上是全同的,故可填空为“全同关系”或“同一关系”。

10. 单项选择题。

(1) “中国人是不怕死的,奈何以死惧之”中的“中国人”这一概念属于(　　)。

a. 集合概念　　b. 非集合概念

c. 普遍概念　　d. 负概念

(2) 如果(　　),那么有的 a 是 b,并且有的 a 不是 b。

a. a 与 b 全异　　b. a 与 b 同一

c. a 与 b 交叉　　d. a 真包含于 b

(3) “学生考试成绩分为优、良、中、及格、不及格”和“学生补考成绩分为及格和不及格”这两个判断中,“及格”和“不及格”两个概念之间(　　)。

a. 都是矛盾关系

b. 都是反对关系

c. 前者是矛盾关系,后者是反对关系

d. 前者是反对关系,后者是矛盾关系

(4) 将“母项”概括为“划分”,限制为“子项”,则(　　)。

a. 概括和限制都对　　b. 概括对,限制错

c. 概括和限制都错　　d. 概括错,限制对

(5) 如 A 为“《孔乙己》”,B 为“《鲁迅全集》”,则 A 与 B 的外延关系为(　　)。

a. A 真包含于 B　　b. A 与 B 相容

c. A 与 B 全异　　d. A 与 B 交叉

(6) 若用“D_S 就是 D_P”表示定义公式,则犯“定义过窄”的错误是指在外延上(　　)。

a. D_S 等于 D_P　　b. D_S 真包含于 D_P

c. D_P 真包含 D_S　　d. D_S 真包含 D_P

(7) 若A是划分的母项,则根据划分规则,A不可以是(　　)。

a. 单独概念　　b. 普遍概念

c. 正概念　　d. 负概念

(8) 在①“中国人是勤劳的”和②“小王是中国人”中,“中国人”(　　)。

a. 都是集合概念

b. 都是非集合概念

c. 在①中是集合概念,在②中是非集合概念

d. 在①中是非集合概念,在②中是集合概念

解题思路:

本题根据自己掌握有关逻辑知识的熟练程度,在正确理解题义的基础上,既可运用间接的排斥法(通过排除错误的选项,以得出正确的选项),也可直接判明正确的选项。以题(6)为例,已知条件为“D_S 就是 D_P”,即“D_S”是被定义项,“D_P”是定义项。而“定义过窄”的错误是指定义项的外延小于被定义项的外延。亦即 D_P 的外延小于 D_S 的外延。按此,题目所列四个选项中,只有“D_S 真包含 D_P”才符合此要求,故正确选项为“d”。

第三章

简单命题及其推理（上）

Chapter 3

第一节 命题和推理的概述

一、命题和判断

什么是命题？它与判断有何关系？逻辑学界对这些问题有着各种不同的看法。我们认为，命题是判断的语言表达，即是表达判断的语句。因此，要了解什么是命题，就需要先了解什么是判断。

什么是判断？在前一章中，我们已经知道，人们是用概念这种思维形式来反映和表示事物的。那么，人们又用什么来说明事物呢？孤立的概念是不能说明事物的。人们为了对事物进行说明，表达一个完整的思想，就必须运用概念作出判断。

例如，当我们根据辩证唯物主义和历史唯物主义的世界观，对唯心主义的世界观进行分析、批判时，我们说："人的正确思想不是从天上掉下来的。""唯心主义的世界观是反科学的世界观。"……在这里，我们就分别对"人的正确思想"、"唯心主义的世界观"进行了断定，否定了"人的正确思想"是"从天上掉下来的"，肯定了"唯心主义的世界观"是"反科学的世界观"。

判断就是对事物情况有所断定的一种思维形式。再如：

辩证唯物主义和历史唯物主义是马克思主义的世界观。

历史绝不是少数帝王将相的历史。

这些也都是判断。尽管它们各自断定的具体对象是不同的，但它们总是对不同的对象("辩证唯物主义和历史唯物主义"、"历史"等)作出了相应的断定，即或者肯定了某种对象情况，或者否定了某种对象情况。因此，我们也可以说：判断就是对思维对象有所肯定或否定的一种思维形式。

这种对思维对象的有所肯定或有所否定，乃是判断的一个基本的逻辑特征。

其次，正因为判断总是对思维对象有所断定的(即有所肯定、否定的)，因此，就有一个断定是否正确的问题。检验判断是否正确的唯一标准是人们的社会实践。如果断定的情况被实践证明是符合客观实际的，那么这个判断就是真的；否则，就是假的。如上面所列举的判断，都是被人们的社会实践证明为是符合实际情况的。因此，它们都是真的。相反，如唯心主义者宣扬的"意识决定存在"、"存在就是被感知"等，都是不符合客观实际情况的，因而都是假的判断。从这里，我们又可以明显地看出，任何判断都是或真或假的。这是判断的又一个基本逻辑特征。

正确把握判断的这两个基本的特征是非常重要的,它是我们识别一个语句是否表达判断、是否为命题的最基本的标准。一个语句,只有当它所表达的是对事物情况有所肯定或否定、并从而是或真或假的思想时,我们才可以说该语句表达了判断,是命题。否则,它就没有表达判断,就不是命题。

判断是一种思想,而任何思想都必须以某种物质材料为依托。思想所依托的物质材料,最常见的有声音、文字符号、图样乃至人的动作。但不管哪一种物质材料,只要它在思想的存在与交流中起着物质承担者的作用,都可以广义地叫做语言。所以,“没有语言材料、没有语言的‘自然物质’的赤裸裸的思想,是不存在的”①。

表达判断这种思想的语言材料,可以是图式、表格、特制的符号式,也可以是语句。这些表达判断的语言材料一般都可以看成是命题。不过,在一般场合中,表达判断的语言材料主要是语句。所以,通常认为,命题就是表达判断的语句。

每一个命题都表达了一个判断,亦即都表达了对客体情况的一个断定,从这个意义上讲,命题就是判断。而由于判断是通过可见可闻的命题表现出来的,所以,判断的内容实际上也就是相应命题所表达的内容,判断的形式也就是相应的命题形式。据此,我们也就可以把对判断和判断形式的研究,转化为对命题和命题形式的研究。

因此,以思维形式的逻辑结构为对象的形式逻辑,不是以判断,而是以判断的语言表达,即命题及其形式作为自己的直接研究对象。

二、命题和语句

就命题和语言材料的关系而言,虽然任何命题都具有一定的语言形式,但是,并非任何语言形式都是命题。由于判断的基本特征之一是有真假,因而,任何语言形式,如果它表达的是判断,亦即如果它是命题,那么,它的陈述就一定能区分为真或假,否则,它就不是命题。因此,就语句而言,只有或真或假的句子才是命题。

在各种语句中,陈述句一般是能区分真假的;其他句子,如疑问句、祈使句和感叹句,除了在特定的语言环境中,一般是不能区分真假的。例如,“人类社会的历史是谁创造的呢?”这是一个疑问句。在这个句子中并没有对谁创造人类社会历史的问题作出断定,因而也无所谓真假,所以,它不表达判断,也就不是命题。再如,“多么崇高的理想啊!”这是一个感叹句,在这个语句中讲话者只

① 斯大林:《马克思主义和语言学问题》,人民出版社 1971 年版,第 30 页。

是表达了自己对某种理想的赞赏，主要目的不在于对某一理想作出断定，因而它也无所谓真假，所以它也不是命题。可见，语句中相当于命题的主要是陈述句。例如：

(1) 今天多云。

(2) 明天会下雨。

以上陈述句都是命题，因为它们都有真假。我们只要看看今天和明天的天气情况，就能判明陈述句(1)和(2)的真假。

作为命题的语句，往往除了表达人们对于对象情况的某个断定以外，还有各种不同的语法和修辞成分，倾注着表达者个人的情感、意愿、想象等主观感受，这是自然语言特有的光彩。但是，这些语句成分是语言学而不是逻辑学的研究对象。如：

(3) 她那宽宽的、椭圆的、刻满了皱纹而且有点浮肿的脸上露出了慈祥的笑容。

这句话表达的判断无非是：

(4) 她的脸上露出了笑容。

(5) 她笑了。

因此，在逻辑学看来，(3)、(4)和(5)这三个语句表达的不过是同样的命题。

语言文字的形成与一个民族的文化传统有着不可分割的联系，任何一种语言文字都是在某一民族的形成和发展中"约定俗成"的。因此，语言具有民族性。但是，语言所表达的思维形式却具有全人类性。这就使得语言形式比判断或命题形式更丰富多彩。如，中国人说"这是一本书"，英国人却说"This is a book"。这两句话的语言形式完全不同，但它们表达的判断是相同的。因此，在逻辑学看来，它们是同一个命题。

总之，命题与判断、语句并不完全相同，它们分别属于不同的科学范畴。命题是逻辑学研究的对象，判断和语句则分别是认识论和语言学研究的对象。但是，它们又有着密切的联系。命题是表达判断的语句，或者说，是能区分真假的句子。命题的内容就是判断所断定的对象情况，命题的形式则是通过表达判断的语言形式显示的。因此，命题实质上是判断内容和语言形式的统一。

命题的种类很多。由于形式逻辑主要是从逻辑结构方面来研究命题的，因此，在本书中，我们首先按一个命题本身是否包含有其他命题而把命题分为简单命题与复合命题两大类；然后，再按简单命题中所断定的是事物的性质还是关系，而将简单命题分为性质命题和关系命题；再按复合命题中所包含的各个简单命题之间的结合情况，而将复合命题分为联言命题、选言命题、假言命题和负命题等等。最后还要介绍几种含有模态词的模态命题。

三、推理

推理和概念、判断(命题)一样,也是人们在日常生活、学习和工作中经常运用着的一种思维形式。毛泽东在《实践论》中曾经说过:"《三国演义》上所谓'眉头一皱计上心来',我们普通说话所谓'让我想一想',就是人在脑子中运用概念以作判断和推理的工夫。"这就告诉我们,任何一个人不管他是否学过逻辑、懂得逻辑,只要进行思维,就一定要运用概念作出判断和进行推理。

那么,什么是推理呢?怎样运用概念、判断去进行推理呢?我们先看下面几个例子。

例(1):

小说是文艺作品;

所以,有的文艺作品是小说。

例(2):

一切文艺作品都有社会作用;

小说是文艺作品;

所以,小说有社会作用。

例(3):

金是能够导电的;

银是能够导电的;

铜是能够导电的;

铁是能够导电的;

锡是能够导电的;

(而金、银、铜、铁、锡都是金属。)

所以,凡金属都是能够导电的。

上述三个例子都是推理。它们所表达的具体思想内容虽然各不相同,但是,在形式结构上却有一个共同的特点:推理都是由命题构成的,命题是推理的组成要素。具体地说,推理都是以已知的命题[在例(1)中是一个,例(2)中是两个,例(3)中是两个以上,有五个]为根据,而推出另一个新命题的。由此我们就可以给推理下这样一个简短的定义:所谓推理就是从一个或几个已知的命题推出另一个新命题的思维形式。

在推理中,我们把由其出发进行推理的已知命题称为前提,把由已知命题所推出的命题称为结论。比如,在前例中,"金是能够导电的,银是能够导电的"等是该推理中的已知命题,也就是这一推理的前提;"凡金属都是能够导电的"这一命题是由前提所推出的,也就是这一推理的结论。任何推理,都是由一定前提推出一定结论的过程,即由一些命题推出另一命题的过程。

推理也是同语言联系在一起的,推理在语言上表现为复句或句群。在这类复句或句群中,如果有"因为……;所以……"、"由于……;因此……"、"……由此可见……"等关联词语,则往往表达推理。

要正确地运用推理,就必须使推理具有逻辑性。那么,什么样的推理是有逻辑性的呢?关于这一点,恩格斯在谈到正确推理所必须具备的基本条件时,曾明确指出:"如果我们有正确的前提,并且把思维规律正确地运用于这些前提,那末结果必定与现实相符。"①这就告诉我们,一个正确的、能保证结论真实的推理必须具备两个条件:①前提是真实的,即应当是正确反映客观事物情况的真实命题;②推理的前提和结论间的关系是符合思维规律的要求的,也就是说,它们之间的关系不应当是偶然的凑合,而应当是具有一定的必然联系。

我们在前面举出的几个例子就是符合这两个条件的要求的。例如,"一切文艺作品都有社会作用"这一个命题所包含的内容是客观事实的正确反映,这是一个真实的、经过证明了的命题。同样,"小说是文艺作品"这一命题所包含的内容也是真实的,也是为古往今来的一切小说都属于文艺作品的这个客观事实所证明了的。其次,在这个推理中,"一切文艺作品都有社会作用"和"小说是文艺作品"这两个前提与"小说有社会作用"这一结论之间的联系,也体现了思维规律的要求。具体地说,是遵守了这种推理形式的逻辑规则(这种逻辑规则,是思维规律的具体化,后面即将讲到)。任何一个推理,不管它的具体内容如何,只要它满足了上述这样两个方面的要求,它就是正确的、有效的推理。但是,就形式逻辑来说,对于推理前提是否真实的问题,它是解决不了的。这是要通过其他具体科学,归根结底要通过实践才能解决的。形式逻辑所能解决的只是:哪些推理形式是符合逻辑规则的,因而是形式正确的;哪些推理形式是不符合逻辑规则的,因而是形式不正确的。这就是说,推理是否具有逻辑性的问题,就是指推理形式是否合乎逻辑规则的问题,即遵守推理的逻辑规则是使推理具有逻辑性的充分必要条件。这才是形式逻辑学所要研究的主要内容。

应当指出,形式逻辑所研究的正确推理形式及其规律,既不是从天上掉下来的,也不是人脑中生来就有的,而是从大量正确的具体推理中概括出来的。而这些正确的具体推理不过是客观世界中事物情况之间的一定联系的反映。因此,正确的推理形式及其规律,归根结底,是客观世界中事物情况之间的一定联系的反映。正是由于正确推理形式及其规律反映了客观事物情况之间的一定联系,人们根据正确的推理形式,就能由已知的真实的前提得出新的真实的结论,即能由已有的知识正确推出未知的知识。所以,正确地运用推理形式及其规律,也是人们

---

①《马克思恩格斯文集》第九卷,人民出版社 2009 年版,第 345 页。

获得未知知识的重要手段。

四、推理的种类与演绎推理的特征

推理的种类繁多,需要对它进行分门别类的研究,以便更好地考察各种不同的推理形式及其必须遵守的逻辑规则。

按照划分根据的不同,可以将推理进行各种不同的分类。在本书中,我们首先根据推理的思维进程方向的不同,把推理分为演绎推理、归纳推理和类比推理。演绎推理是从一般性知识的前提到特殊性知识的结论的推理[如本节开始举出的例(1)和例(2)];归纳推理是从特殊性知识的前提到一般性知识的结论的推理[如本节开头的例(3)];类比推理是从特殊性知识的前提到特殊性知识的结论的推理(见本书第九章第一节)。

为了叙述方便,我们把命题和推理结合起来介绍。在演绎推理部分我们将依次介绍:简单命题及其推理,包括性质命题的直接推理、三段论推理和关系推理;复合命题及其推理,包括联言推理、选言推理、假言推理、负命题的等值推理以及假言选言推理即二难推理;模态命题及其推理。在归纳推理,即非必然性推理部分将介绍完全归纳推理、简单枚举归纳推理、科学归纳推理以及类比推理,等等。下面,我们首先介绍和分析演绎推理。

什么是演绎推理?

人们在实际思维过程中,常常运用自己过去所获得的关于某种事物的一般性认识,去指导自己认识这类事物中某些新的个别事物,这时人们就运用着演绎推理。

比如,通过对上层建筑进行马克思主义的分析,我们知道,上层建筑都是为经济基础服务的。有了这个关于上层建筑的一般性认识以后,我们就可以用它来认识和说明某一特殊的上层建筑,从而得出有关这种特殊的上层建筑的某种结论。如:

上层建筑都是为经济基础服务的;

文学艺术是上层建筑;

所以,文学艺术是为经济基础服务的。

这就是一个演绎推理。它的前提是关于所有上层建筑的某种一般性知识的命题,而结论却是关于文学艺术这个特殊的上层建筑现象的命题。这就是说,演绎推理是由反映一般性知识的前提得出有关特殊性知识的结论的一种推理。

由于演绎推理的前提反映的是一般性知识,而结论反映的是特殊性知识,即其结论所断定的知识范围没有超出前提所断定的知识范围,也就是说,前提的知识蕴涵着结论的知识,这就决定了演绎推理的结论具有必然性,因此,演绎推理也可称为必然性推理。只要在演绎推理的过程中,遵守了正确推理的两个基本要求(前提是真实的,前提与结论间的联系是合乎逻辑规则的),它的结论就必然是真实的。

从下一节起,我们就择要依次介绍几种主要的演绎推理。

第二节　性质命题

一、什么是性质命题

性质命题是简单命题（即本身不包含其他命题的命题）的一种，它是断定事物具有（或不具有）某种性质的命题。一般逻辑学书上也称之为直言命题。如：

例（1）：

一切文艺作品都是有倾向性的。

例（2）：

有的国家不是社会主义国家。

这两个命题都是性质命题。前者是断定文艺作品具有“有倾向性的”性质；后者是断定有的国家不具有“社会主义国家”的性质。

分析这两个命题，我们可以看到，它们断定的具体内容虽然各有不同，但都是由下述几个部分组成的：

它们都有一个表示命题对象的概念。如上述两个命题中的“文艺作品”、“国家”。这个在命题中表示命题对象的概念，我们称之为命题的主项。逻辑学上通常用大写的英文字母“S”来表示。

它们都有一个表示命题对象所具有或不具有的某种性质的概念。如上述两个命题中的“有倾向性的”、“社会主义国家”。这个在命题中表示命题对象所具有或不具有的某种性质的概念，我们称之为命题的谓项。逻辑学上通常用大写的英文字母“P”来表示。

它们都有一个用来联系主项与谓项的概念。如上述前一个命题中的“是”，后一个命题中的“不是”。这个联系主、谓项的概念我们就称之为命题的联项，通常也称之为命题的“质”。

在它们的主项前面都有一个表示命题对象数量的概念，我们称之为命题的量项。量项又有两种：一是例（1）中的“一切”，它表示在这个命题中对主项的全部外延作了断定，我们称之为“全称量项”；一是例（2）中的“有的”，它表示在这个命题中没有对主项的全部外延作出断定，我们称之为“特称量项”。在日常讲话以及写作中，表示全称量项的语词通常还有“所有”、“任何”、“每一”、“凡”等；表示特称量项的语词还有“有些”、“有”、“某些”等。在判断的语言表达中，全称量项的语言标志（如“所有”）可以省略，而特称量项的语言标志不能省略。

据此,性质命题的逻辑结构可以表示为:

所有(有的)S是(不是)P

在这一逻辑结构中,量项"所有(有的)"和联项"是(不是)"是逻辑常项,主项S和谓项P是逻辑变项。根据逻辑常项的不同,性质命题可以区分为不同的类型。

二、性质命题的种类

1. 按性质命题联项的不同,可将性质命题分为肯定命题和否定命题两类。

(1) 肯定命题是断定对象具有某种性质的命题。例如:

马克思列宁主义是科学真理。

雷锋是我们学习的好榜样。

(2) 否定命题是断定对象不具有某种性质的命题。例如:

自然科学不是上层建筑。

有的战争不是正义的战争。

2. 按性质命题量项的不同,可以把性质命题分为:单称命题、特称命题和全称命题。

(1) 单称命题是断定某一个别对象具有(或不具有)某种性质的命题。例如:

北京是中华人民共和国的首都。

李时珍不是现代名医。

(2) 特称命题是断定某类事物中有对象具有(或不具有)某种性质的命题。例如:

有的农民是劳动模范。

有的工人不是共产党员。

(3) 全称命题是断定某类事物中的每一个对象都具有(或不具有)某种性质的命题。例如:

所有正义的事业都是不可战胜的。

所有被子植物都不是裸子植物。

3. 按性质命题质和量(即逻辑常项)的不同结合,可将性质命题分为下述六种基本形式。

(1) 单称肯定命题:是断定某一个别事物具有某种性质的命题。

如:中华人民共和国是社会主义国家。

(2) 单称否定命题:是断定某一个别事物不具有某种性质的命题。

如:黄河不是我国最长的河流。

(3) 全称肯定命题:是断定一类事物的全部对象都具有某种性质的命题。

如:所有学校都是教育机构。

（4）全称否定命题：是断定一类事物的全部对象都不具有某种性质的命题。

如：一切知识都不是先天获得的。

（5）特称肯定命题：是断定一类事物中有的对象具有某种性质的命题。

如：有些解放军战士是战斗英雄。

（6）特称否定命题：是断定一类事物中有的对象不具有某种性质的命题。

如：有些学校不是师范学校。

这里要注意的是，在特称命题中，特称量项“有些”与我们通常语言中所讲的“有些”这个词的用法是有所不同的。我们通常讲“有些是……”时，往往意味着“有些不是……”。反之，我们通常讲“有些不是……”时，也往往意味着“有些是……”。但是，在特称命题中，特称量项所指的“有些”是一个笼统的数量。它只是断定某一类事物中有的对象具有或者不具有某种性质，至于这一类事物中未被断定的对象情况如何呢？它是没有表示的。因此，特称量项的“有些”是指至少有一个，究竟有多少，并不确定。所以，当我们断定某一类对象中有些对象具有某种性质时，并不意味着断定某一类对象中有些对象就不具有某种性质。同样，当我们断定某一类对象中有些对象不具有某种性质时，也不意味着断定某一类对象中有些对象就具有某种性质。

以上就是性质命题的六种基本形式。但由于单称命题是对某一个别对象的断定，就外延情况说，我们对该对象作了断定，也就是对某一概念的全部外延作了断定。因此，在一般情况下可以把单称命题当作一种全称命题来对待。这样，性质命题就可以归结为以下四种基本形式，即：

全称肯定命题，逻辑形式为：“所有 S 是 P”，通常用大写的英文字母“A”来表示，可缩写为：“SAP”；

全称否定命题，逻辑形式为：“所有 S 不是 P”，通常用大写的英文字母“E”来表示，可缩写为：“SEP”；

特称肯定命题，逻辑形式为：“有的 S 是 P”，通常用大写的英文字母“I”来表示，可缩写为：“SIP”；

特称否定命题，逻辑形式为：“有的 S 不是 P”，通常用大写的英文字母“O”来表示，可缩写为：“SOP”。

在这四种性质命题中，它们的主、谓项概念外延间的关系是怎样的呢？英国数学家凡恩（John Venn，又译“文恩”）提出一种用来直观地表示概念外延间各种不同关系的图解，通称“凡恩图解”。这种图解是用两个互相交叉的圆圈构成的图形来表示性质命题所断定的主、谓项概念外延间的各种关系。图中的“＋”号表示存在，虚线组成的阴影部分表示不存在，两个圆圈之外的长方形表示主、谓项概念的论域（全类）。这样，A、E、I、O 四种性质命题可以用凡恩图表示如下：

图 3－1 中的阴影部分表示“$\overline{P}$”(读为“非 P”)和“S”的公共部分是不存在的，即所有的 S 都是 P。也可以用类演算的交运算公式表达为：$S \cap \overline{P} = 0$。读为：既属于 S 又属于非 P 的类是不存在的。

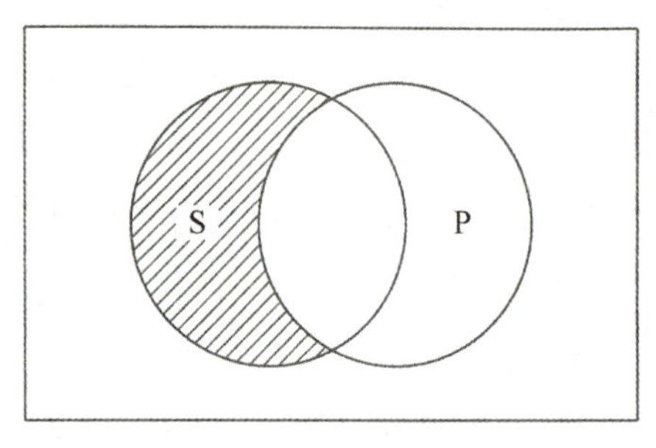

图 3－1　全称肯定命题(SAP)

图 3－2 中的阴影部分表示既是“S”又是“P”的部分是不存在的，即没有 S 是 P。也可以用类演算的交运算公式表达为：$S \cap P = 0$。读为：既属于 S 又属于 P 的类是不存在的。

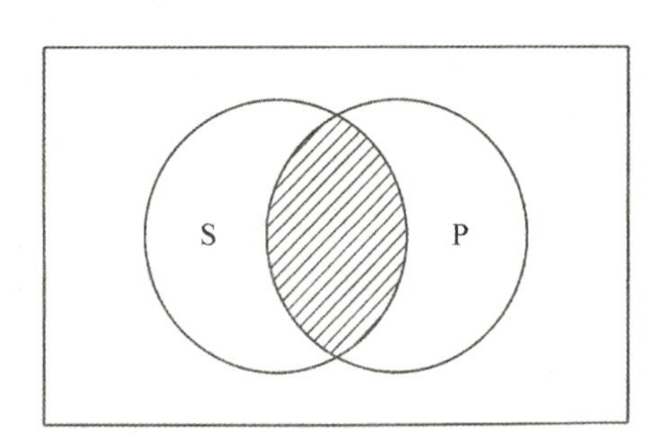

图 3－2　全称否定命题(SEP)

图 3－3 中两个圆圈重合部分中的“＋”号表示：至少有些 S 是 P。也可以用类演算的交运算公式表达为：$S \cap P \neq 0$。读为：既属于 S 又属于 P 的类是存在的。

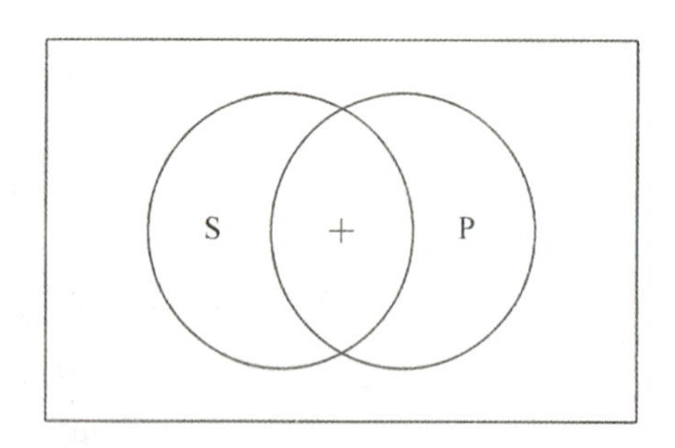

图 3－3　特称肯定命题(SIP)

图 3－4 中“S”内的“＋”号表示：至少有些 S 不是 P。也可以用类演算的交运算公式表达为：$S \cap \overline{P} \neq 0$。读为：既属于 S 又属于非 P 的类是存在的。

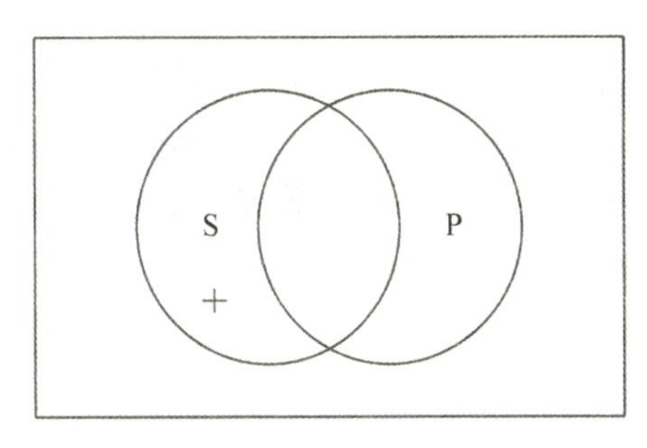

图3-4　特称否定命题(SOP)

下面,我们再进一步来分析一下,在这四种命题中,对主、谓项外延的断定情况。

三、A、E、I、O四种性质命题[①]的项的周延性

我们在工作和学习中,有时为了反复说明一个思想或强调某一句话十分重要,常常有这样的情况,即从正面讲了一句话后,又把这句话倒转过来再说一遍。例如,当我们说过"唯心主义者不是马克思主义者"以后,常常又把这句话倒转过来说:"马克思主义者不是唯心主义者。"但是,我们又常常发现,有的话却不能这样倒转过来说。例如,我们说:"师范大学都是高等学校",这句话是正确的。但我们却不能把这句话倒转过来说:"高等学校都是师范大学。"因为,这句话显然是不正确的。

那么,为什么会出现上述两种不同情况呢?这是与性质命题中项的周延性问题有关的。为了说明这一点,下面我们把上述两个命题中,对主、谓项外延的断定情况再具体分析一下。

"唯心主义者不是马克思主义者",这是一个省略了全称量项的全称否定命题。在这个命题中,不仅对主项"唯心主义者"的全部外延作了断定,而且对谓项"马克思主义者"的全部外延也作了断定。因为当我们说"所有的唯心主义者都不是马克思主义者"时,那也就等于说所有的"唯心主义者"都是被排除在"马克思主义者"的全部范围之外的,也就是说"所有的马克思主义者都不是唯心主义者",而这个命题也是一个全称否定命题。它与原命题一样,对自身的主、谓项的全部外延都作了断定,即它与原命题的断定范围是相同的。所以这句话可以倒转过来说,而不发生错误。

① 确切地说,传统逻辑所谓的A、E、I、O四种命题(或四种性质命题),应表述为具有A、E、I、O四种命题形式的命题。因为SAP、SEP、SIP、SOP本身并不是命题(它本身无所谓真假),而只是四种命题形式。但在本书中,按习惯用法,也为了表述的简便,我们仍将分别表示具有SAP、SEP、SIP、SOP四种命题形式的命题简称为A、E、I、O四种命题。

但是,“师范大学都是高等学校”这个命题的情况就不同了。这是一个省略了全称量项的全称肯定命题。在这个命题中,对它的主项“师范大学”的全部外延是作了断定的,但是并没有对它的谓项“高等学校”的全部外延作出断定。因为这个命题并没有断定“师范大学”是“高等学校”的全部外延,而当我们把这句话倒转过来,说“高等学校都是师范大学”时,这个新命题也是一个全称肯定命题,因而它的主项“高等学校”的全部外延被作了断定。这样一来,在原命题中未被断定全部外延的项,而在新命题中其全部外延都被断定了,这就表示它与原命题的断定范围不一样,因而原命题的正确也就保证不了新命题的正确了。所以“师范大学都是高等学校”这句话虽然是正确的,但倒转过来说就不正确了。因此,我们就不能随便地倒转过来说。

上面的例子说明,弄清楚性质命题中项的外延的被断定情况,对我们正确地表达思想是很重要的。因此,也就需要我们弄清性质命题中项的周延性问题。

什么是性质命题中项的周延性?

所谓性质命题中项的周延性是指在性质命题中,对主项、谓项外延数量的断定情况。如果在一个命题中,它的主项(或谓项)的全部外延被作了断定,那么,这个命题的主项(或谓项)就是周延的。如果没有对它的主项(或谓项)的全部外延作出断定,那么,这个命题的主项(或谓项)就是不周延的。在前面的例子中,我们已就全称肯定命题和全称否定命题的项的周延情况作了说明。下面,我们再分析一下特称命题的主、谓项的周延情况。

特称肯定命题:周延情况正好与全称否定命题相反,其主、谓项的外延在命题中都未被全部断定,即都是不周延的。比如:“有的粮食作物是水田作物。”这个特称肯定命题中,既没有断定全部粮食作物是水田作物,也没有断定全部水田作物都是粮食作物。因而,它们的主、谓项都是不周延的。

特称否定命题:周延情况刚好与全称肯定命题相反,即它的主项在命题中没有被断定全部外延,而谓项却被断定了全部外延。比如:“有的粮食作物不是水田作物。”这个特称否定命题中,只断定了“有的”粮食作物而不是“全部”粮食作物不是水田作物,故主项是不周延的。但是,这个命题的谓项却表明:“水田作物”的全部外延都是被排斥在命题中所讲的“有的粮食作物”(如:高粱、麦子等)之外的。因而,“水田作物”这个概念的外延是被全部断定了的,即该命题谓项是周延的。

据此,四种性质命题的主谓项周延情况,可以归纳如下:

全称肯定命题:主项周延,谓项不周延;

全称否定命题:主项周延,谓项周延;

特称肯定命题:主项不周延,谓项不周延;

特称否定命题:主项不周延,谓项周延。

可见,就主项说,全称命题是周延的,特称命题是不周延的;就谓项说,否定命题是周延的,肯定命题是不周延的。

四、主、谓项相同的 A、E、I、O 四种命题间的真假关系

四种性质命题在它们的主、谓项相同的情况下,彼此间存在一定的相互制约的真假关系。这种真假关系是遵循着一定的客观规律的。掌握这种关系对我们做到明辨是非、判断恰当是很有帮助的。

性质命题中的主项 S 和谓项 P 实质上反映了类与类的关系。根据第二章所述的概念外延间的关系,可知类与类之间的关系有:全同关系、真包含关系、真包含于关系、交叉关系和全异关系等五种,因而,性质命题的主项和谓项之间在外延上也就只能反映类与类的这五种关系。根据主项和谓项所反映的类与类之间的不同关系,就可以确定素材相同(即构成主项和谓项的概念分别相同)的 A、E、I、O 四种性质命题的真假情况及其之间的真假关系。

我们先看一看 A、E、I、O 四种命题的真假情况,如表 3－1 所示:

表 3－1　A、E、I、O 四种命题的真假情况

S和P之间的关系 / 命题的真假 / 命题类别	全同关系	真包含于关系	真包含关系	交叉关系	全异关系
SAP	真	真	假	假	假
SEP	假	假	假	假	真
SIP	真	真	真	真	假
SOP	假	假	真	真	真

SAP 的真假情况是:当 S 与 P 反映了类与类之间的全同关系和真包含于关系时,SAP 是真的;当 S 与 P 反映了类与类之间的真包含关系、交叉关系和全异关系时,SAP 是假的。

SEP 的真假情况是:当 S 与 P 反映了类与类之间的全异关系时,SEP 是真的;当 S 与 P 反映了类与类之间的全同关系、真包含于关系、真包含关系和交叉关系时,SEP 是假的。

SIP 的真假情况是：当 S 与 P 反映了类与类之间的全同关系、真包含于关系、真包含关系和交叉关系时，SIP 是真的；当 S 与 P 反映了类与类之间的全异关系时，SIP 是假的。

SOP 的真假情况是：当 S 与 P 反映了类与类之间的真包含关系、交叉关系和全异关系时，SOP 是真的；当 S 与 P 反映了类与类之间的全同关系和真包含于关系时，SOP 是假的。

根据上述的 A、E、I、O 的真假情况，就可以确定同一素材的 A、E、I、O 之间的真假关系，即对当关系如下：

1. 反对关系：指全称肯定命题(A)与全称否定命题(E)间的关系。例如：

“所有事物都是运动的”与“所有事物都不是运动的”。

“所有事物都是静止的”与“所有事物都不是静止的”。

在以上两组命题中，每组的两个命题之间都是具有反对关系的。前一组两个命题表明，全称肯定命题是真的，全称否定命题就是假的；后一组两个命题表明，全称否定命题是真的，全称肯定命题就是假的。这就是说，两者之间，如果一个命题是真的，另一个必然是假的。但是，是否一个是假的，另一个就必然是真的呢？不一定。因为，从上面两组例子来看，固然是一个假时，另一个是真的，但这并没有概括这两种命题间的所有情况。例如，有这样一组命题：“所有物体都是固体”与“所有物体都不是固体”。在这里，我们就不能由一个的假，推出另一个的真。因为实际上，这两个命题都是假的。由此可见，反对关系是这样一种关系：一个真时，另一个必然假；而一个假时，另一个则真假不定(即不能必然推出其真或假)，即两者可以同假，但不能同真。因此，它们可以由真推假，而不能由假推真。

2. 矛盾关系：指全称肯定命题(A)与特称否定命题(O)、全称否定命题(E)与特称肯定命题(I)之间的关系。我们先以全称肯定命题与特称否定命题之间的关系为例来分析这种关系。例如：

“所有事物都是运动的”与“有些事物不是运动的”。

“所有物体都是固体”与“有些物体不是固体”。

在这两组命题中，每组的两个命题之间就具有这种矛盾关系。前一组表明，当全称肯定命题为真时，特称否定命题就是假的；后一组则表明，当全称肯定命题为假时，则特称否定命题就是真的。因为，既然全称肯定命题“所有事物都是运动的”是真的，那么，断定“有些事物不是运动的”当然就是假的了。反之，既然“有些物体不是固体”是真的，那么，“所有物体都是固体”当然就是假的了。至于全称否定命题与特称肯定命题之间的关系，和上述全称肯定命题与特称否定命题之间的关系情况完全相同。比如：

“所有物体不是固体”与“有些物体是固体”。

“所有事物都不是静止的”与“有些事物是静止的”。

这两组也都具有上述的真假关系，即一个假时，另一个必真；一个真时，另一个必假。总起来说，矛盾关系就是这样一种关系：两者不能同真，也不能同假。因此，一个真了，另一个必假；一个假了，另一个必真。两者可以由真推假，也可以由假推真。

3. 差等关系：指全称肯定命题(A)同特称肯定命题(I)、全称否定命题(E)同特称否定命题(O)之间的关系。我们先以全称肯定命题同特称肯定命题之间的关系为例来说明这种关系。例如：

“所有事物都是运动的”与“有些事物是运动的”。

“所有物体都是固体”与“有些物体是固体”。

“所有事物都是静止的”与“有些事物是静止的”。

这几组命题之间的关系就是差等关系的几种不同场合的具体例子。第一组命题表明，如果全称肯定命题是真的，则特称肯定命题也是真的。这一点是很清楚的，因为，既然断定了全部事物具有运动的性质是真的，那么，断定部分事物具有运动的性质，自然也是真的了。但是，当全称肯定命题是假的时，特称肯定命题的真假情况如何呢？后两组例子说明了这一点，即在一种场合下是真的(第二组命题)，在另一种场合下是假的(第三组命题)。这就是说，如果全称肯定命题是假的，则特称肯定命题并不必然假，它可能是真的，也可能是假的。全称否定命题与特称否定命题之间的差等关系相同于全称肯定命题与特称肯定命题之间的关系，这里不再分析了。由此，命题间的差等关系可以归结如下：如果全称命题真，则特称命题必真；如果全称命题假，则特称命题真假不定(即不能必然推出其真或假)；如特称命题假，则全称命题必假；如特称命题真，则全称命题真假不定。总起来说，两者之间的关系是既可同真、也可同假的关系。

4. 下反对关系：指特称肯定命题(I)与特称否定命题(O)之间的关系。例如：

“(我们班上)有的同学是共青团员”与“(我们班上)有的同学不是共青团员”。

这两个命题之间的真假关系是：如果一个是真的，另一个就真假不定(即可真，可假)。比如，如果事实上我们班里所有同学都是共青团员，那么，我们班上“有的同学是共青团员”是真的，而“有的同学不是共青团员”则是假的；反之，如果事实上我们班里只是有些同学是共青团员，另一些同学不是共青团员，那么，“有的同学是共青团员”是真的，而“有的同学不是共青团员”也是真的。两者中如果一个是假的，另一个则必定是真的。比如，当我们断定我们班上“有的同学不是共青团员”为假时，那一定是因为我们班上“有的同学是共青团员”。总起来说，两者之间的关系是可以同真，但不可以同假的关系。

上述这四种关系，在逻辑史上，人们曾用一个正方形来加以表示(图 3-5)：

图 3-5 逻辑方阵

这就是传统逻辑中所说的“逻辑方阵”。通过这个方阵，A、E、I、O 四种命题之间的真假关系可以集中地表示出来。这种由逻辑方阵所表示的命题之间的真假关系，逻辑史上也称为命题间的对当关系。按照这种对当关系，就可由一种命题的真假，推知其他三种命题的真假情况。因此，这实质上已经是一种简单的推理活动，反映了由命题向推理的转化和过渡。

第三节　性质命题的直接推理

直接推理是一种最简单的演绎推理，是以一个命题为前提而推出结论的推理。比如：①迷信不是科学，所以，科学不是迷信；②所有低科技产品是没有高附加值的，所以所有低科技产品不是有高附加值的。这两个推理都是以一个命题为前提推出结论的直接推理。本节主要介绍性质命题的直接推理，即以一个性质命题为前提而推出一个性质命题的结论的直接推理。这种推理可以运用不同方法来进行：一类是运用命题变形的方法，即运用换质法、换位法以及换质位法；一类是运用"逻辑方阵"中命题间的真假关系进行推论的方法。现分别叙述如下。

一、运用命题变形法的直接推理

命题变形法就是通过改变原命题的联项(肯定改成否定，或否定改成肯定)，或改变原命题的主项与谓项的位置，或同时改变这两者从而改变原命题形式的一种方法。通过变形法所得出的命题与原命题的真值相等，即如果原命题是真的，那么，推出的命题也是真的，这类方法主要有以下三种：

(一) 换质法

换质法是改变命题的质(命题的联项)的方法，亦即把肯定命题改变成否定命题，或者把否定命题改变成肯定命题、并将原命题的谓项概念改变为其矛盾概念的方法。例如把"所有新生事物都是有生命力的"改变成"所有新生事物都不是没有生命力的"。这样，就由原来的肯定命题改变成为一个与之等值的否定命题。如果原命题是真的，则变形后的命题也是真的。

直言命题的A、E、I、O四种命题都可以按上述方法变形。上面这个例子就是A(全称肯定命题)的换质变形，即把全称肯定命题换质为全称否定命题。

E(全称否定命题)的换质变形，是把全称否定命题换质为全称肯定命题，例如把"教条主义者不是马克思主义者"改变成"教条主义者是非马克思主义者"。

I(特称肯定命题)的换质变形，是把特称肯定命题换质为特称否定命题，例如把"有些战争是正义战争"换质成"有些战争不是非正义战争"。

O(特称否定命题)的换质变形，是把特称否定命题换质为特称肯定命题，例如把"有些干部不是称职的"换质成"有些干部是不称职的"。

上述的直言命题A、E、I、O的换质情况,可概括为表3-2($\overline{P}$代表非P):

表3-2 直言命题A、E、I、O的换质情况

原 命 题	换 质 命 题
SAP	$SE\overline{P}$
SEP	$SA\overline{P}$
SIP	$SO\overline{P}$
SOP	$SI\overline{P}$

(二) 换位法

换位法是改变命题主词与宾词的位置的方法,亦即把命题主项与谓项的位置加以更换的方法。例如把"科学不是迷信"换位为"迷信不是科学"。又如把"所有的工人都是应该努力学习科学技术的"换位为"有些应该努力学习科学技术的是工人"。这都是命题的换位变形。

通过上述的两个例子,可以明确:第一,换位只是更换主项和谓项的位置,命题的质不变;第二,换位的主项与谓项在原命题中不周延的,换位后仍不得周延。如果换位时扩大了原来项的周延性,那就犯了项的外延不当扩大的逻辑错误,而使换位后的命题与原命题不能等值。所以,这两条也就是正确的换位法的逻辑规则。

关于直言命题A、E、I、O四种命题的换位情况,可概括为表3-3:

表3-3 直言命题A、E、I、O的换位情况

原 命 题	换 位 命 题
SAP	PIS
SEP	PES
SIP	PIS
SOP	不能换位

表3-3中的O(特称否定命题)是不能换位的,因为特称否定命题的主项不周延,谓项周延。例如"有些团员不是工人"这样的否定命题,换位后还应是否定命题,即"所有的工人都不是团员"或"有的工人不是团员",而否定命题的谓项都周延,这样一来,原命题中不周延的项("团员")在换位后的命题中变得周延了。这

就犯了外延不当扩大的错误。因此,特称否定命题都不能换位。

(三) 换质位法

换质位法是把换质法和换位法结合起来连续交互运用的命题变形法。即先进行命题换质、接着再进行换位,或者接着再换质、再换位,从而由一个原命题推出新命题。例如先把"所有的共青团员都是青年"换质为"所有的共青团员都不是非青年",然后再换位为"所有的非青年都不是共青团员",或者接着再换质为"所有的非青年都是非共青团员",然后再换位为"有些非共青团员是非青年"。

换质位法不仅可以先换质后换位,而且也可以先换位后换质。例如,先把"小说是文学作品"换位为"有些文学作品是小说",然后再换质为"有些文学作品不是非小说"。

直言命题 A、E、I、O 四种命题的换质位情况,可以概括如下("→"表示推出关系):

$SAP \to SE\overline{P} \to \overline{P}ES \to \overline{P}A\overline{S} \to \overline{S}I\overline{P}$

$SAP \to PIS \to PO\overline{S}$

$SEP \to SA\overline{P} \to \overline{P}IS \to \overline{P}O\overline{S}$

$SEP \to PES \to PA\overline{S} \to \overline{S}IP \to \overline{S}O\overline{P}$

$SIP \to SO\overline{P}$(先换质,就不能得到换质位命题)

$SIP \to PIS \to PO\overline{S}$

$SOP \to SI\overline{P} \to \overline{P}IS \to \overline{P}O\overline{S}$

$SOP \to$(不能先换位)

应当指出,传统逻辑中这种直接推理,是假设了命题主项所表示的事物是存在的。通过换质位法,我们可以由以 S 为主项、P 为谓项的原命题,推出一个以 P 或 $\overline{S}$ 或 $\overline{P}$ 为主项的换质位命题。因此,传统逻辑中的换质位法,是假设了 S、P、$\overline{S}$ 和 $\overline{P}$ 分别表示的事物都是存在的,即它们都不是"空类"。如果不满足这个假设,那么换质位后就可能由真的前提推出假的结论。例如,我们由"所有有机物都是发展变化的"(SAP),通过连续换质位就得出"有些非有机物(即无机物)是不发展变化的"($\overline{S}I\overline{P}$)。显然,这里前提是真的,而且换质位是符合逻辑规则的,但得出的结论却是假的。问题就出在"不发展变化的",即"$\overline{P}$"所表示的事物是不存在的,是空类。

二、依据"逻辑方阵"的命题间关系的直接推理

前面我们曾讲过,表现在"逻辑方阵"中的命题间关系,是指具有相同素材的

命题间的真假关系,亦即主项和谓项都分别相同(不管量上的差别)的命题间的真假关系。这种相同素材的命题有如下四种关系:第一种是A与E之间的反对关系;第二种是I与O之间的下反对关系;第三种是A与I之间以及E与O之间的差等关系;第四种是A与O之间以及E与I之间的矛盾关系。这就是说,A、E、I、O这四种命题中的每一种命题都与其他三种命题处于一定的关系之中。

在逻辑上,根据上述关系,知道一个命题的真假即可推知其他三个命题的真假情况,这也是一种直接推理。A、E、I、O四种命题的直接推理情况如下:

(1) 如果A是真的,则E是假的,I是真的,O是假的;如果A是假的,则E不定(可真,可假),I不定(可真,可假),O是真的。

(2) 如果E是真的,则A是假的,I是假的,O是真的;如果E是假的,则A不定(可真,可假),I是真的,O不定(可真,可假)。

(3) 如果I是真的,则A不定(可真,可假),E是假的,O不定(可真,可假);如果I是假的,则A是假的,E是真的,O是真的。

(4) 如果O是真的,则A是假的,E不定(可真,可假),I不定(可真,可假);如果O是假的,则A是真的,E是假的,I是真的。

逻辑方阵的这四种情况,也就是运用逻辑方阵关系的直接推理的规则,其中除了"不定"(指不能必然推出该命题的真或假)的规则外,其他都可据之进行直接推理。这样的推理可分如下四种:

第一种是从一个命题的真推断另一个命题的真。这包括从A真推断I真;从E真推断O真。例如从"所有好干部都是一心一意为人民的"之真,推断"有些好干部是一心一意为人民的"之真;从"所有的金属都不是绝缘体"之真,推断"有些金属不是绝缘体"之真。这种推理的逻辑根据是这种命题之间的差等关系。有差等关系的命题之间,全称命题为真,从属于它的特称命题也真。

第二种是从一个命题的假推断另一个命题的假。这包括从I假推断A假;从O假推断E假。例如从"有些事物是永远静止的"之假,推断"所有的事物都是永远静止的"之假;从"有些事物不是发展变化的"之假,推断"所有的事物都不是发展变化的"之假。这种推理的逻辑根据是这种命题之间的反差等关系。有反差等关系的命题之间,特称命题假,则全称命题必假。

第三种是从一个命题的真推断另一个命题的假。这包括从A真推断O假;从E真推断I假。反之亦然,即从O真推断A假;从I真推断E假。此外,还包括从A真推断E假;从E真推断A假。举例如下:

从"所有的学生都是应该努力学习的"(A)之真,推断"有些学生不是应该努力学习的"(O)之假。

从"所有的学生都不是不应该努力学习的"(E)之真,推断"有些学生是不应该努力学习的"(I)之假。

反之亦然。

第四种是从一个命题的假推断另一个命题的真。这包括从A假推断O真;从E假推断I真。反之亦然,即从O假推断A真;从I假推断E真。此外,还包括从I假推断O真,或从O假推断I真。举例如下:

从“所有的学生都是不努力学习的”(A)之假,推断“有些学生不是不努力学习的”(O)之真;

从“所有的学生都不是努力学习的”(E)之假,推断“有些学生是努力学习的”(I)之真。

反之亦然。

练习题

1. 下列语句哪些表达判断?哪些不表达判断?为什么?

(1) 祝愿你学习进步!

(2) 请大家回忆一下鲁迅先生的话吧!

(3) 一颗珍珠出了土能不放光吗?

(4) 明天会下雨吗?

(5) 认识来自实践。

解题思路:

为了正确回答本题中的各题,必须首先弄清语句与判断的关系:判断是用语句来表达的,但并非所有语句都表达判断。关键在于:要看一个语句是否表达出了判断所具有的两个基本特征:有所断定(肯定或否定),因而有真假。如表达出了,该语句就表达判断,如未能表达出,该语句就不表达判断。如题(1)是一个感叹句,表达对别人学习进步的一种祝福,既然没有对其学习是否进步作出任何断定,自然也就无所谓真假。再如题(3),这是一个反诘疑问句,形似置疑,实则作了断定,因而也有真假,故其表达判断。

2. 下列命题属于何种性质命题?其主项和谓项的周延情况如何?

(1) 凡事物都是有矛盾的。

(2) 一切革命的根本问题是国家政权问题。

(3) 没有一个资本家不是唯利是图的。

(4) 没有一个人是不犯错误的。

(5) 有的劳动产品不是商品。

(6) 有的劳动产品是商品。

(7)《阿Q正传》是鲁迅创作的一部中篇小说。

(8) 事物不是不可认识的。

解题思路:

本题需按性质命题的四种分类及其主、谓项的周延情况来作出回答。需要注意的是题(3)和题(4),其语句本身不是表达直言命题的标准形式,为此须将其改换为直言命题的标准形式,才能对题目作出正确分析和回答。如题(3)"没有一个资本家不是唯利是图的",应改换为"所有资本家都是唯利是图的"。题(4)"没有一个人是不犯错误的",实则"所有人都是要犯错误的"。这样就可清楚看出题(3)为全称肯定命题,题(4)亦为全称肯定命题。它们都可按全称肯定命题主、谓项的周延情况对题作出回答了。

3. 根据性质命题间的对当关系,回答下列问题:

(1) 已知"所有商品都有商标"为假,能否断定"所有商品都没有商标"为真和"有些商品没有商标"为真?

(2) 已知"有些零件不是次品"为假,能否断定"有些零件是次品"为真和"所有零件不是次品"为假?

(3) 已知下列命题为真,请指出其素材相同的另三个性质命题的真假。

a. 商学院的所有学生都是青年人。

b. 甲班有的学生是奥运会的志愿者。

c. 校园内有些果木不是长青的。

d. 唯物主义者都不是有神论者。

解题思路:

本题应按同素材的四种性质命题之间的真假关系来作出回答。如题(1),既已知"所有商品都有商标"这一全称肯定命题为假,就必须肯定"有些商品没有商标"这一特称否定命题为真(A命题与O命题具有矛盾关系。A假,O必真);但在"所有商品都有商标"为假时,则不能判定"所有商品都没有商标"这一全称否定命题为真(A命题与E命题具有反对关系,A假,E真假不定)。

4. 将下列命题进行换质,并用公式表示之。

(1) 不热爱自己祖国的人不是马克思主义者。

(2) 有些劳动模范是科技工作者。

(3) 一切文化都是历史现象。

(4) 有些著作不是哲学著作。

解题思路:

为正确回答这类问题,首先必须弄清换质法的规则,并明确如何用公式来表示换质的结果。如题(1),“不热爱自己祖国的人不是马克思主义者”。这是一个全称否定命题。按此,应首先将其质:否定变为肯定,然后将其原谓项改为其矛盾概念,即“非马克思主义者”。换质后的命题为:“不热爱自己祖国的人是非马克思主义者”。用公式表示即为:$\mathrm{SEP} \to \mathrm{SA}\overline{\mathrm{P}}$。

5. 下列命题能否换位?若能,请用公式表示之。

(1) 有些学生曾是时代的先锋。

(2) 否定命题的谓项是周延的。

(3) 有的作品不是现实主义作品。

(4) 凡科学都不是迷信。

解题思路:

为了正确回答这类问题,必须正确掌握换位法的规则,并懂得在四种性质命题中,特称否定命题(O 型命题)是不能换位的(如强行换位,就会违反换位法的规则);其余三种命题都可进行换位。如题(1)“有些学生曾是时代的先锋”为一特称肯定命题,而特称肯定命题主、谓项都是不周延的,因而可以换位,而且,可以简单换位,即仅将主、谓项调换一下位置即可。用公式表示即为:$\mathrm{SIP} \to \mathrm{PIS}$。

6. 下列推理是否正确?若正确,请把省略的推理步骤补充完整。

(1) $\mathrm{SAP} \to \overline{\mathrm{S}}\mathrm{O}\overline{\mathrm{P}}$。

(2) $\mathrm{SOP} \to \overline{\mathrm{S}}\mathrm{I}\overline{\mathrm{P}}$。

(3) $\mathrm{SEP} \to \overline{\mathrm{S}}\mathrm{O}\overline{\mathrm{P}}$。

(4) $\mathrm{SIP} \to \overline{\mathrm{S}}\mathrm{OP}$。

解题思路:

回答此类问题的步骤:连续、交叉地使用换质、换位的方法,从题目已提供的前提进行直接推理,看其能否推出题目已给出的结论(命题)。如能,该推理正确,即可将其推理中省略部分补充出来。如不能,该推理则不正确。如题(1),连续换质位的情况为:$\mathrm{SAP} \to \mathrm{SE}\overline{\mathrm{P}} \to \overline{\mathrm{P}}\mathrm{ES} \to \overline{\mathrm{P}}\mathrm{A}\overline{\mathrm{S}} \to \overline{\mathrm{S}}\mathrm{I}\overline{\mathrm{P}} \to \overline{\mathrm{S}}\mathrm{OP}$,至此,已为 O 命题,不能换位,即不能再继续进行变形法的推理了,但仍未得出预定结论 $\overline{\mathrm{S}}\mathrm{O}\overline{\mathrm{P}}$,故可断定,题(1)所列推理不正确。(本题也可使用连续换位质的方法:$\mathrm{SAP} \to \mathrm{PIS} \to \mathrm{PO}\overline{\mathrm{S}}$,但由此也不能由 SAP 推出 $\overline{\mathrm{S}}\mathrm{O}\overline{\mathrm{P}}$)。

7. 填空题。

(1) 一个性质命题主项不周延,谓项周延,则其逻辑形式是________。

(2) 若 SOP 假而 POS 真,则 S 与 P 的外延关系是________。

(3) 当 S 与 P 的外延间具有________关系或________关系时,SOP 取值为假。

(4) 已知“所有天鹅是白的”为假,根据性质命题的对当关系,则“有的天鹅是白的”________。

(5) 一个性质命题的主项不周延,这个命题的量是________;一个性质命题的谓项不周延,这个命题的质是________。

(6) 根据逻辑方阵的差等关系,由 $SA\overline{P}$ 真,可以推出________。

解题思路:

本题可主要从四种性质命题的真假关系入手。如题(2),已知"SOP 假而 POS 真",即可由 SOP 的假,按对当关系可推出 SAP 真,即"所有 S 是 P";又知"POS"真,即"有 P 不是 S",按此即可判明 S 与 P 的关系为真包含于关系。

8. 单项选择题。

(1) 在性质命题中,决定命题形式的是(　　)。

a. 主项和谓项　　b. 主项和量项

c. 联项和量项　　d. 谓项和量项

(2) 在 S 与 P 可能具有的五种外延关系中,下列命题形式真假情况为三真二假的是(　　)。

a. SAP　　b. SEP　　c. SIP　　d. SOP

(3) 若两个性质命题变项都相同,而常项都不同,则这两个性质命题(　　)。

a. 可同真,可同假　　b. 可同真,不同假

c. 不同真,可同假　　d. 不同真,不同假

(4) 形式逻辑研究推理,主要研究的是推理(　　)。

a. 前提的真假　　b. 前提与结论间的内容联系

c. 结论的真假　　d. 前提与结论间的逻辑联系

(5) 已知"甲班有些同学不是党员",可必然推出(　　)。

a. 甲班有些同学是党员　　b. 有些党员是甲班同学

c. 有些非党员是甲班同学　　d. 有些党员不是甲班同学

(6) 一个有效的换质位法推理的结论是 PES,其前提是(　　)。

a. SAP　　b. $\overline{S}AP$　　c. $\overline{S}A\overline{P}$　　d. $SA\overline{P}$

解题思路:

按题目要求,既可根据自己所掌握的有关逻辑知识,从四个备选项中,直接选出正确的一个选项,也可运用排除法,按题所示已知条件,对四个选项逐个检查,把不符合要求的除去,剩下的即为正确的选项。如题(2):要求在 S 与 P 可能具有的五种外延关系中,选出其命题形式为三真二假的正确选项。按此,可对 A、E、I、O 四种命题形式逐个进行分析,考察哪一个命题形式符合五种外延关系中三真二假要求。先分析"SAP"。此命题形式只有在"S"与"P"为全同关系和真包含于关系时,才为真,在其余关系时均为假,因此,不符合"三真二假"要求;"SEP",只有在"S"与"P"为全异关系时,才为真,显然也不符合要求;"SIP",只有在"S"与"P"处于全异关系时,才为假,在其余关系时,均为真,也明显不符合三假二真要求。据此,

只有剩下的“SOP”才符合题目所提要求，因为，“SOP”在“S”与“P”处于全同关系和真包含于关系时为假，而在具有其余三种关系时均为真，正好符合三真二假要求，故“SOP”为正确选项。

9. 双项选择题。

(1) 当“所有A是B”为假而“有B不是A”为真时，A与B的外延关系是(　　)关系或是(　　)关系。

a. 全同　　b. A真包含B

c. A真包含于B　　d. 交叉

e. 全异

(2) 断定一主项与谓项均周延的性质命题为真，则断定了主项与谓项具有(　　)关系或(　　)关系。

a. 同一　　b. 交叉

c. 真包含　　d. 矛盾

e. 反对

(3) ①“$SAP \to \overline{P}ES$”和②“$PO\overline{S} \to \overline{S}OP$”这两个直接推理(　　)、(　　)。

a. 都有效　　b. ①有效，②无效

c. 不都有效　　d. 都无效

e. ①无效，②有效

(4) 设SOP假，则下列为真的是(　　)与(　　)。

a. $SI\overline{P}$　　b. $SE\overline{P}$

c. SIP　　d. $SA\overline{P}$

e. SEP

解题思路：

与第八题类同，只不过本题正确选项应为两个。现以题(1)为例，题示“所有A是B”为假，即可推出“有A不是B”为真(对当关系)。又题设为“有B不是A”为真。据此，即可断定其正确选项应为“A”与“B”在外延间的关系是交叉关系和全异关系，故将d、e两项填空即可。

10. 概念S与概念P的外延具有交叉关系，试问：以S为主项、P为谓项的四个性质命题中，哪几个取值为真？这些取值为真的命题中，哪几个可以进行有效的换位法推理？请用公式表示这些换位法推理。

解题思路：

求解本题的关键在于弄清楚：当S与P具有交叉关系时，以S为主项，P为谓项的四个性质命题中，取值为真的只能是两个特称命题，即“SIP”与“SOP”。按换位法的规则，“SIP”可以进行有效的换位推理：SIP→PIS；“SOP”则不能进行有效的换位推理，因为，如将SOP进行换位推理，则为SOP→POS，而其中的“S”在前提中作为主项是不周延的，而换位后成了否定命题的谓项，周延了，就会犯外延扩大的错误。

11. 设下列三句话中只有一句是假话，请问：甲班班长是否懂电子计算机？

A：甲班所有学生懂电子计算机。

B：甲班小张懂电子计算机。

C：甲班所有学生都不懂电子计算机。

解题思路：

既然题设的三句话中只有一句为假话，那么，只要能找出哪两句话是可以同真的，另一句话自然为假了。而在本题中只能是A、B同真。既然A、B为真，甲班班长自然也懂电子计算机了。此外，本题也可从B、C是互为矛盾的判断，其中必有一假入手，请自证。

12. 下面三句话一真两假，试确定S与P的外延关系。

A：有S是P　　　　B：有S不是P

C：有P不是S

解题思路：

要解此题，必须首先辨明三句话中，哪一句话为真，哪两句话为假。然后，才能确定在三句话一真两假的情况下S与P在外延间具有何种关系。为此，运用直言命题逻辑方阵的知识可知，A、B两句话所表述的命题不可以同假，如其中一个是假的，则另一必真。故真话只能在A、B之中。如A为假，则B真；如B真，则C也可为真(当S与P处于交叉关系时)，不合题意(题目要求只能有一真)，故A假不能成立，只能为A真，B假和C假。B假，则“所有S是P”，C假，则“所有P是S”。按此，则S与P在外延上具有全同关系。而在“所有S是P”真时，“有S是P”自然也就为真。全题得解。

13. 某公请客，尚有人未到。于是他说：“该来的不来。”有些来客听了此话起身走了。某公又说：“不该走的走了。”于是剩下的客人全都走光了。请分析一下某公为何请客不成？

解题思路：

某公之所以请客不成，问题主要出在某公讲的两句话上：“该来的不来”这是一个E型命题：“该来的不是来了的”；“不该走的走了”是一个A型命题：“不该走的是走了的”。将此两个命题分别通过换位推理或连续换质、换位和换质推理，即可使全题得解。可自证之。

第四章 简单命题及其推理（下）

Chapter 4

第一节 三 段 论

一、三段论及其结构

三段论是演绎推理的一种。它在我们的日常讲话和文章中是最为常见的。那么,什么是三段论呢?它的结构又是怎样的呢?前面我们讲什么是演绎推理时举过一个例子:“上层建筑都是为经济基础服务的,而文学艺术是上层建筑,所以,文学艺术是为经济基础服务的。”这就是一个典型的三段论。

从这个例子中可以看到,三段论是由三个简单性质命题即直言命题所组成的。前两个命题是推理的前提,后一个命题是推理的结论。并且,三段论是由而且只能由三个项(三个概念)所组成(如上例中的“上层建筑”、“为经济基础服务”和“文学艺术”)。在三段论中,我们把在结论中作为主项的概念(“文学艺术”)称为“小项”,用S来表示;把在结论中作为谓项的概念(“为经济基础服务”)称为“大项”,用P来表示;把在前提中出现而在结论中没有出现的概念(“上层建筑”)称为“中项”,用M来表示。“中项”虽然在结论里不出现,但结论中的“小项”和“大项”正是由于“中项”在前提里起了桥梁作用才发生联系、组成新命题的。在两个前提中,含有大项的通常称作大前提(“上层建筑都是为经济基础服务的”),含有小项的称作小前提(“文学艺术是上层建筑”)。

由上可见,三段论就是由两个包含着共同项的性质命题作前提推出一个性质命题为结论的推理。传统逻辑称之为直言三段论,简称三段论。其结构具有如下的形式:

M—P
S—M
————
S—P

二、三段论的公理与规则

(一)三段论的公理

三段论的公理表述如下:一类对象的全部是什么或不是什么,那么这类对象中的部分对象也是什么或不是什么。换句话说,凡是肯定(或否定)了一类对象的全部,也就肯定(或否定)了这一类对象的任何部分对象或个别对象。简单地说:凡肯定或否定了全部,也就肯定或否定了部分和个别。三段论公理可以用下图来表示:

图 4-1 三段论的公理(1)

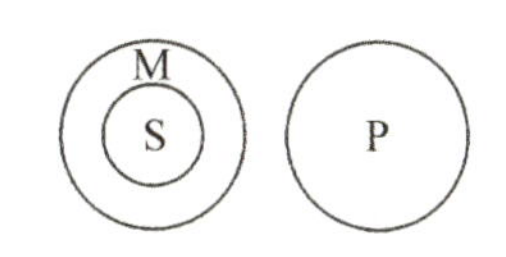

图 4-2 三段论的公理(2)

在图 4-1 中,M 类包含在 P 类中(M 类的全部是 P),则 M 类中的一部分(S)也包含在 P 类中(S 是 P)。在图 4-2 中,M 类和 P 类相排斥(M 类的全部不是 P),则 M 类中的一部分(S)也和 P 类相排斥(S 不是 P)。

这个公理反映了客观事物中的一般和个别的关系,即属和种的包含关系。它是三段论推理的逻辑根据。

(二) 三段论的规则

三段论是我们在学习、工作中运用得较为广泛的一种推理。怎样才能正确运用这种推理形式呢?即怎样才能保证运用这种推理形式由真的前提得到真的结论呢?这就要求我们在运用这种推理时必须严格遵守它的逻辑规则。否则,就不能保证该推理是一个有效的推理,并通过这种推理从真的前提获得真的结论。

三段论的规则概括起来共有五条,分述如下:

1. 在一个三段论中,必须有而且只能有三个不同的概念(或"词项")。

这是因为只有三个概念各分别出现两次时,才能构成三个命题(三段论就是由两个前提,一个结论——三个命题所组成),多于或少于三个概念都不能或不只构成三个命题。为此,就必须使三段论中的三个概念,在其分别重复出现的两次中,所反映的是同一个对象,具有同一的外延。违反这条规则就会犯四概念的错误。所谓四概念的错误就是指在一个三段论中出现了四个不同的概念。四概念的错误又往往是由于作为中项的概念未保持同一而引起的。比如:

　　我国的大学是分布于全国各地的;

　　华东师范大学是我国的大学;

　　所以,华东师范大学是分布于全国各地的。

这个三段论的结论显然是错误的,但其两个前提都是真的。为什么会由两个真的前提推出一个假的结论来了呢?原因就在其中项("我国的大学")未保持同一,出现了四概念的错误。即"我国的大学"这个词语在两个前提中所表示的概念是不同的。在大前提中它是表示我国的大学总体,表示的是一个集合概念。而在小前提中,它可以分别指我国大学中的某一所大学,表示的不是集合概念,而是一个一般的普遍概念。因此,它在两次重复出现时,实际上表示着两个不同的概念。这样,以其作为中项,也就无法将大项和小项必然地联系起来,从而推出确定的结论。如果一定要推出一个什么结论,那就是如上例那样只能是一个错误的结论。

2. 中项在前提中必须至少周延一次。

前面讲过,大、小项所以能在结论中联系起来,组成新命题,这是由于中项在前提中发挥了媒介作用的结果。因此,如果中项在前提中一次也没有被断定过它的全部外延(即周延),那就意味着在前提中大项与小项都分别只与中项的一部分外延发生联系,这样,就不能通过中项的媒介作用,使大项与小项发生必然的确定的联系,因而也就无法在推理时得出确定的结论。

例如,有这样的一个三段论:

共青团员都是青年;

小张是青年;

所以,……

这一个三段论是无法得出确定结论的。原因在于作为中项的"青年"在前提中一次也没有周延(在两个前提中,都只断定了"共青团员"、"小张"是"青年"的一部分对象),因而"小张"和"共青团员"究竟处于何种关系就无法确定,也就无法得出必然的确定结论。

如果违反这条规则,就要犯"中项不周延"的错误,这样的推理就是不合逻辑的。例如:

古典小说是文学作品;

《红楼梦》是文学作品;

所以,《红楼梦》是古典小说。

这个推理的中项(文学作品)两次都不周延,因此,虽然它的结论是对的,但它并非是由其前提必然推出的。

3. 大项或小项如果在前提中不周延,那么,在结论中也不得周延。

这是因为,如果大项或小项在前提中不周延,即只断定了它的部分外延(即大项或小项在前提中只使用了它的一部分外延与中项发生联系),那么,在结论中也只能断定它的部分外延,而不得断定其全部外延(即周延)。否则,结论所断定的对象范围就超出了前提所断定的对象范围,结论所断定的就不是从前提中所必然推出的,前提的真实就不能保证结论的必然真实,得出的结论就没有必然性,因而也是没有逻辑性的。比如:

运动员需要努力锻炼身体;

我不是运动员;

所以,我不需要努力锻炼身体。

这个推理的结论显然是错误的。这个推理从逻辑上说错在哪里呢?主要错在"需要努力锻炼身体"这个大项在大前提中是不周延的(即"运动员"只是"需要努力锻炼身体"中的一部分人,而不是其全部),而在结论中却周延了(成了否定命题的谓项)。这就是说,它的结论所断定的对象范围超出了前提所断定的对象范围,因而在这一推理中,结论就不是由其前提所能推出的。其前提的真也就不能保证结论的真。这种错误在逻辑上称为“大项不当扩大”的错误(如果是小项扩大的错误则称“小项不当扩大”)。

4. 两个否定前提不能推出结论;前提之一是否定的,结论也应当是否定的;结论是否定的,前提之一必须是否定的。

这就是说,如果两个前提都是否定命题,就不能必然推出结论;如果在两个前提中,有一个前提是否定命题,结论就只能是一个否定命题;如果结论是否定命题,那么必定有一个前提是否定命题。

为什么呢?我们先谈前一点。

前面已经提到,在三段论中,大项和小项之所以能在结论中形成确定联系,并由前提必然推出,这是由于在前提中中项发挥了媒介作用的结果,即由于中项在前提中分别与大、小项有着一定的联系,从而通过中项把大、小项在结论中联系起来。但是,如果在前提中两个前提都是否定命题,那就表明,大、小项在前提中都分别与中项互相排斥,在这种情况下,大项与小项通过中项就不能形成确定的关系,因而也就不能通过中项的媒介作用而确定地联系起来,当然也就无法得出必然确定的结论,即不能推出结论了。

比如:

一切有神论者都不是唯物主义者;

某某人不是有神论者;

所以,……

在这一推理中,由于两个前提都是否定命题,“某某人”与“唯物主义者”无法通过中项“有神论者”形成确定的关系,因而也就无法得出必然结论。

那么,为什么前提之一是否定的,结论必然是否定的呢?这是因为,如果前提中有一个是否定命题,另一个则必然是肯定命题(否则,两个否定命题不能得出必然结论),这样,中项在前提中就必然与一个项(大项或小项)是否定关系,与另一个项是肯定关系。这样,大项和小项通过中项联系起来的关系自然也就只能是一种否定关系,因而结论必然是否定的了。例如:

一切有神论者都不是唯物主义者;

某人是有神论者;

所以,某人不是唯物主义者。

在这个推理中,大前提是否定的,所以,结论也就是否定的了。

为什么结论是否定的,前提之一必定是否定的呢?因为如果结论是否定的,那一定是由于前提中的大、小项有一个和中项结合,而另一个和中项排斥。这样,大项或小项同中项相排斥的那个前提只能是一个否定命题,所以结论是否定的则前提之一必定是否定的。

从另一个方面来说,如果结论是否定的,那就意味着它否定了结论的主、谓项之间存在包含关系。但是,如果两个前提都是肯定的,则表明它们的主、谓项之间都分别存在包含关系,而由主、谓项之间的包含关系是推不出主、谓项之间的反包含关系的,因此,由两个肯定的前提推不出否定的结论的。也就是说,两个肯定的前提不能得到否定的结论。例如:

有些动物是哺乳动物;

哺乳动物是胎生动物;

所以,有些胎生动物不是哺乳动物。

这个例子就违反了这条规则,从两个肯定的前提得出了否定的结论,因此是不正确的无效推理。

5. 两个特称前提不能得出结论;前提之一是特称的,结论必然是特称的。

这是因为,如果两个前提都是特称的,那么前提中周延的项最多只能有一个(即两个前提中可以有一个是否定命题,而这一否定命题的谓项是周延的,其余的项都是不周延的)。而这就不可能满足正确推理的条件。例如:

有的同学是共产党员;

有的共产党员是转业军人;

所以,……

由这两个特称前提,我们无法必然推出确定的结论。因为,在这个推理中的中项("共产党员")一次也未能周延。又如:

有的同学不是共产党员;

有的共产党员是转业军人;

所以,……

这里,虽然中项有一次周延了,但仍无法得出必然结论。因为,在这两个前提中有一个是否定命题,按前面的规则,如果推出结论,则只能是否定命题;而如果是否定命题,则大项"转业军人"在结论中必然周延,但它在前提中是不周延的,所以必然又犯大项不当扩大的错误。

因此两个特称前提是无法得出必然结论的。那么,为什么前提之一是特称的,结论必然是特称的呢?例如:

所有共青团员都是青年;

有的职工是共青团员;

所以,有的职工是青年。

这个例子说明,当前提中有一个判断是特称命题时,其结论必然是特称命题;否则,如果结论是全称命题就必然会违反三段论的另几条规则(如出现大、小项不当扩大的错误等)。

关于这条规则的必要性和必然性,我们还可以运用三段论的其他几条规则(前面已经讲过的)来加以论证。现将这条规则的前一部分内容证明如下：

设：如果两个前提都是特称的,那么前提就有以下三种不同的组合情况：

(1) I 和 I 组合的前提。已知 I 命题的主、谓项都不周延。根据三段论的规则 2——中项在前提中必须至少周延一次,I 和 I 组合的前提不能满足规则 2 的要求,因此,不能推出必然正确的结论。

(2) O 和 O 组合的前提。根据三段论规则 4——两个否定的前提不能推出结论,因此,O 和 O 组合的前提不能推出正确结论。

(3) I 和 O 组合的前提。在这里只有 O 命题中的谓项是周延的。根据三段论规则 2,这个唯一周延的项首先必须满足中项周延一次的需要,亦即其前提中的大项和小项都只能是不周延的。然而,根据三段论规则 4——前提之一是否定的,结论必定是否定的,这样,I 和 O 组合的前提,其结论必然是一个否定判断。而否定判断的谓项 P 是周延的,但是前提中的 P 却不可能是周延的,而只能是不周延的,这就违反了三段论规则 3——前提中不周延的项在结论中也不能周延。因此,I 和 O 组合的前提也不能得出正确的结论。

所以,两个特称的前提不能推出正确结论。

用同样的方法也可以证明本条规则的后一部分内容,即"前提之一是特称的,结论必然是特称的"。请读者自证。

三、三段论的格与式

由于中项在前提中位置的不同而形成的三段论的各种形式称做三段论的格。如果中项在前提中的位置确定了,那么大项、小项的位置随之也可以确定了。因此,三段论的格也可以定义为由于各个项在前提中位置的不同而形成的各不相同的三段论形式。三段论共有以下四种格：

第一格	第二格	第三格	第四格
M—P	P—M	M—P	P—M
S—M	S—M	M—S	M—S
S—P	S—P	S—P	S—P

由于 A、E、I、O 四种命题在前提和结论中组合的不同而形成的三段论的各种形式称为三段论的式。例如,AAA 是一种式,EAE 也是一种式。

以三段论的规则应用于四个不同的格,可以得出四个格各自所特有的规则。根据三段论的规则和各个格的特有的规则,就可以判定三段论的正确的式,亦称有效式。现在把四个格的规则和有效式列举如下：

1. 第一格的规则有:

(1) 大前提必须全称;

(2) 小前提必须肯定。

这两条规则可以证明如下:

首先证明小前提必须肯定。

假若小前提是否定的,那么,根据三段论的规则4,结论必定是否定的。结论是否定的,那么结论中的大项P就是周延的。根据三段论的规则3,大项P在前提中就必须是周延的。而由于大项P在大前提中处于谓项位置,因此,大前提就应当是否定的。这样,根据三段论的规则4,大小两个前提都是否定的,就不能推出正确的结论。所以,小前提不能是否定的。小前提既然不能是否定的,即可证明小前提必须是肯定的。

其次证明大前提必须全称。

已经证明,小前提必须是肯定的,由此可以判明,在小前提中处于谓项位置的中项M是不周延的。既然小前提中的中项M不周延,那么根据三段论规则2,大前提中的中项M就必须是周延的。而第一格大前提中的中项是处于主项位置上,所以,大前提就必须是全称的。

根据第一格的两条特殊规则可以判明,第一格的有效式有:AAA,(AAI),AII,EAE,(EAO),EIO。

2. 第二格的规则有:

(1) 两个前提中必须有一个是否定命题;

(2) 大前提必须为全称命题。

按此,第二格的有效式有:AEE,(AEO),AOO,EAE,(EAO),EIO。

3. 第三格的规则有:

(1) 小前提必须为肯定命题;

(2) 结论必须为特称命题。

第三格的有效式有:AAI,AII,EAO,EIO,IAI,OAO。

4. 第四格的规则有:

(1) 如果前提有一个是否定命题,那么,大前提必须是全称命题;

(2) 如果大前提是肯定命题,那么,小前提必须是全称命题;

(3) 如果小前提是肯定命题,那么结论就必须是特称命题。

第四格的有效式有:AAI,AEE,IAI,EAO,EIO,(AEO)。

第二格、第三格和第四格的各条规则的证明从略,请读者按前述证明第一格规则的方法自己去证明。

由上可见,四格中共有24个有效式,其中5个带括号的称为弱式。所谓弱式是指本应得出全称结论,但却得出了特称结论的式。弱式可视为派生的有效式,一般不将其正式列入有效式中。按此,四格中的有效式只有 19 个。

四、复合三段论和省略三段论

在我们的日常实际思维中,有时会将几个三段论连续运用,即进行一连串的推理;有时为了思维表达的明了简洁,还可以在用语言文字表达时省略三段论中的某个部分。因此又有复合三段论和省略三段论等形式。

(一) 复合三段论

复合三段论是由两个或两个以上的三段论构成的特殊的三段论形式,其中前一个三段论的结论组成后一个三段论的前提。它有以下两种形式:

1. 前进式的复合三段论。它是以前一个三段论的结论作为后一个三段论的大前提的复合三段论。例如:

一切造福于人类的知识都是有价值的,
科学是造福于人类的知识;
所以,科学是有价值的;
社会科学是科学,
所以,社会科学是有价值的;
逻辑学是社会科学,
所以,逻辑学是有价值的。

在这个推理中,思维的进程是由范围较广的概念逐渐推移到范围较狭的概念,由较一般性的知识推进到较特殊性的知识(见图 4-3)。前进式的复合三段论的公式为:

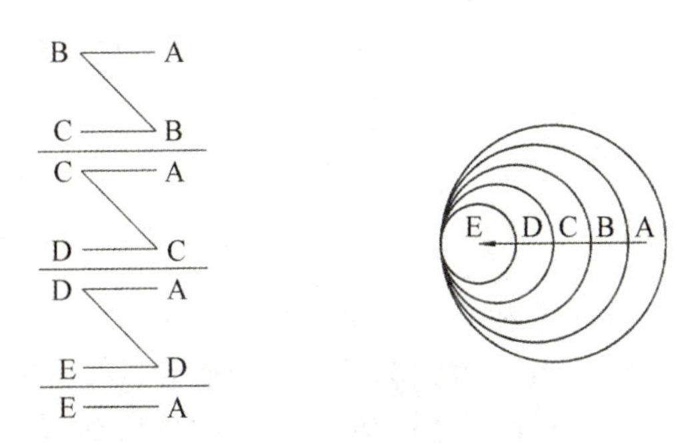

图 4-3　前进式的复合三段论

2. 后退式的复合三段论。它是以前一个三段论的结论作为后一个三段论的小前提的复合三段论。例如:

逻辑学是社会科学,

社会科学是科学，

所以，逻辑学是科学；

科学是造福于人类的知识，

所以，逻辑学是造福于人类的知识；

一切造福于人类的知识都是有价值的，

所以，逻辑学是有价值的。

在这个推理中，思维的进程是由范围较狭的概念逐渐推移到范围较广的概念，由较特殊性的知识推进到较一般性的知识，即其思维推移的顺序正好和前进式相反(见图 4－4)。后退式的复合三段论的公式为：

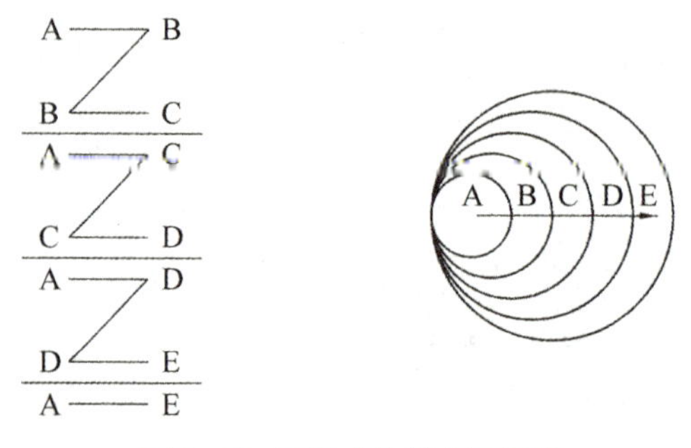

图 4－4　后退式的复合三段论

复合三段论是由两个以上的三段论组成的，因此组成它的各个三段论都必须遵守三段论的规则，只要其中任何一个三段论违反了三段论规则，那么，整个复合三段论就是错误的。

(二) 省略三段论

省略三段论是省去一个前提或结论的三段论。例如：“你是共产党员，所以你就应当起模范带头作用。”这就是一个省略了大前提“共产党员应当起模范带头作用”的省略三段论。当然，省略三段论也可以是省去小前提或省去结论的。一般说来，被省去的部分往往带有不言而喻的性质。因此，在这种推理中，虽然推理的某个部分被省去了，但整个推理还是容易为人们所理解的。省略三段论具有明了简洁的特征，所以，它在人们的实际思维中被广泛地应用着。

由于省略三段论中省去了三段论的某一构成部分，因此，如果运用不当，就容易隐藏各种逻辑错误。比如，有人这样说：“我又不是当翻译的，我不需要学好外语。”这就是一个其中隐藏着逻辑错误的省略三段论。当我们补充上省略的部分后，其中的错误就可以清楚地看出。这个三段论的完整形式是这样的：“凡是当翻译的都需要学好外语，我不是当翻译的，因此，我不需要学好外语。”这个三段论显然是错误的，因为它违反了三段论第一格的规则：“小前提必须是肯定命题”，因而在结论中也就犯了“大项不当扩大”的逻辑错误。

为此,在必要时就必须对省略三段论进行检查。而有效的检查方法是把被省去的部分补充起来,将它复原为完整的三段论。复原的步骤有三步：第一步,先判明在省略三段论中哪一个命题是结论。这一般可以根据表达命题的语句的语言标志(在“因为”后面的命题是前提,在“所以”后面的命题是结论)或上下文的联系来判定。当然,如果根据上述方法仍找不出结论,那么它很可能就是省去了结论部分的省略三段论。第二步,要找出大前提或小前提。结论一旦判明,根据三段论结构的定义,便可确定作为主项、谓项、中项的概念以及作为大小前提的命题的构成情况了。第三步,依据一定的三段论格式,复原为完整的三段论。复原后,我们便可根据三段论的规则检查这些推理是否正确了。

现在,我们仍以前面所举出的例子,来具体证明一下这个复原的步骤。

第一步,在“我又不是当翻译的,我不需要学好外语”中,虽然没有“因为”、“所以”等语言标志,但从内容中仍可明显看出,后一个命题“我不需要学好外语”是结论,它是由前一个命题所推出的。

第二步,既然弄清了“我不需要学好外语”是结论,那么,由此即可知道：“我”(结论的主项)是小项,“不需要学好外语”(结论的谓项)是大项(结论中联项“是”省略了)。从而进一步可知,“我又不是当翻译的”乃是整个三段论的小前提(因其中有小项“我”),故该省略推理是省略了大前提。

第三步,补上大前提,复原为完整的三段论。从上可知,大项为“不需要学好外语”,中项为“当翻译的”,由于该省略推理结论为否定命题,而小前提已知为否定命题,故大前提只能为肯定命题。按肯定命题方式把中项与大项联结起来构成的大前提即为：“凡当翻译的都需要学好外语”。这样,经复原后的完整的三段论式即为：

凡当翻译的都需要学好外语；

我又不是当翻译的；

所以,我不需要学好外语。

当然,如前所述,这是一个违反三段论第一格规则的形式不正确的、即非有效的三段论式。

五、用凡恩图解的方法检验三段论的有效性

前面已经说过,一个三段论式是否正确、有效,可以运用三段论的一般规则或各格的特殊规则来加以检验和判定。下面介绍一种简便、机械的判定方法,即凡恩图解方法。凡恩图解能够提供一种简便、直观的方法检验和判定三段论式是否有效。这种方法的要点是：准确地画出一个待检验的三段论的两个前提的凡恩图形,然后根据图形检查,从而判定其结论能否从前提中必然推出。如果图形表明

该三段论的前提蕴涵结论,就可判定该三段论式是有效的;如果图形显示前提不蕴涵结论,就可以判定该三段论式是非有效的。

我们在第三章第二节中已经介绍了把四种性质命题的逻辑公式表达为集合(类)的演算公式,如:SAP 表达为 $S\cap\overline{P}=0$,SEP 表达为 $S\cap P=0$,SIP 表达为 $S\cap P\neq0$,SOP 表达为 $S\cap\overline{P}\neq0$,并用凡恩图解直观地表示直言命题主谓项概念外延之间的关系。既然三段论是由直言命题构成的,因而,我们也可以用凡恩图解来表示三段论中大项、小项和中项之间的各种关系。每一个圆圈表示一个类,三段论中的三个项,分别表示各自的类。这样,可以用三个互相交叉的圆圈来表示三段论。

如,第一格的 AAA 式:

$$\frac{\begin{array}{c}\text{M A P}\\ \text{S A M}\end{array}}{\text{S A P}}$$

首先,把它表达为集合演算公式:

$$\frac{\begin{array}{c}M\cap\overline{P}=0\\ S\cap\overline{M}=0\end{array}}{S\cap\overline{P}=0}$$

然后用凡恩图表示如下:

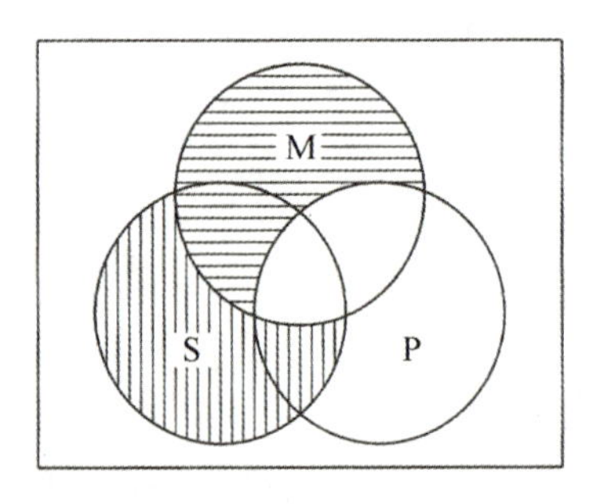

图 4-5 第一格的 AAA 式

在图中,横线阴影部分是根据大前提 MAP 去掉的,因为 M 都是 P,所以,不是 P 的 M 部分被横线去掉了。竖线阴影部分是根据小前提 SAM 去掉的,因为 S 都是 M,所以,不是 M 的 S 部分被竖线去掉了。这样,在 M 圆中剩下的所有 S 都在 P 圆内。由图可见,所有的 S 都是 P。

再如,第二格的 EAE 式:

$$\frac{\begin{array}{c}\text{P E M}\\ \text{S A M}\end{array}}{\text{S E P}}$$

它的集合演算公式为：

$$\frac{\begin{array}{c}P\cap M=0\\ S\cap\overline{M}=0\end{array}}{S\cap P=0}$$

然后，用凡恩图表示如下：

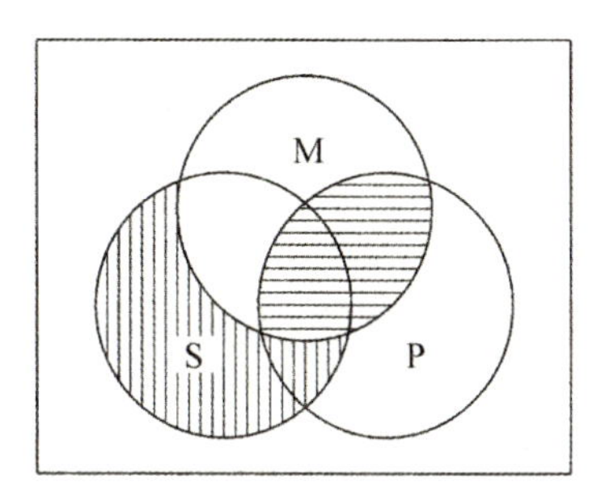

图 4-6　第二格的 EAE 式

在图中，横线阴影部分是根据大前提 PEM 去掉的，因为 P 都不是 M，所以，既属于 P 又属于 M 的部分被横线去掉了；竖线阴影部分是根据小前提 SAM 去掉的。这样，在 M 圆中剩下的 S 都在 P 圆外面。由图可见，所有的 S 都不是 P。

又如：第三格的 AAI 式：

$$\frac{\begin{array}{c}MAP\\ MAS\end{array}}{SIP}$$

它的集合演算公式是：

$$\frac{\begin{array}{c}M\cap\overline{P}=0\\ M\cap\overline{S}=0\end{array}}{S\cap P\neq 0}$$

然后，用凡恩图表示如下：

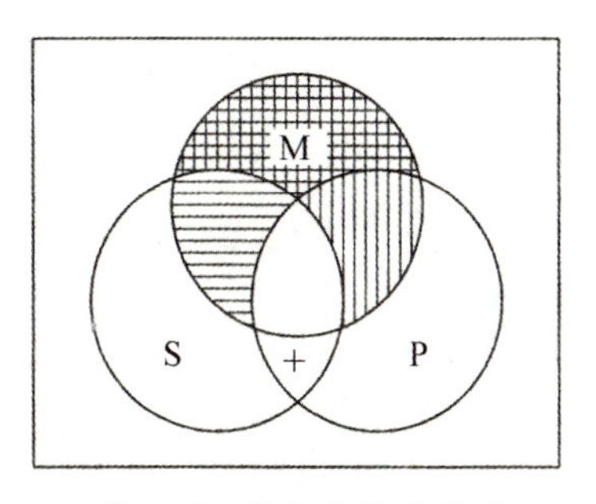

图 4-7　第三格的 AAI 式

在图中,横线阴影部分是根据大前提 MAP 去掉的;竖线阴影部分是根据小前提 MAS 去掉的。这样在 M 圆中剩下部分既是 S 又是 P。由图示可见,有些 S 是 P。

再如,第二格的 EIO 式:

$$\frac{\begin{array}{c}\text{P E M}\\ \text{S I M}\end{array}}{\text{S O P}}$$

它的集合演算公式是:

$$\frac{\begin{array}{c}P\cap M=0\\ S\cap M\neq 0\end{array}}{S\cap \overline{P}\neq 0}$$

然后,用凡恩图表示如下:

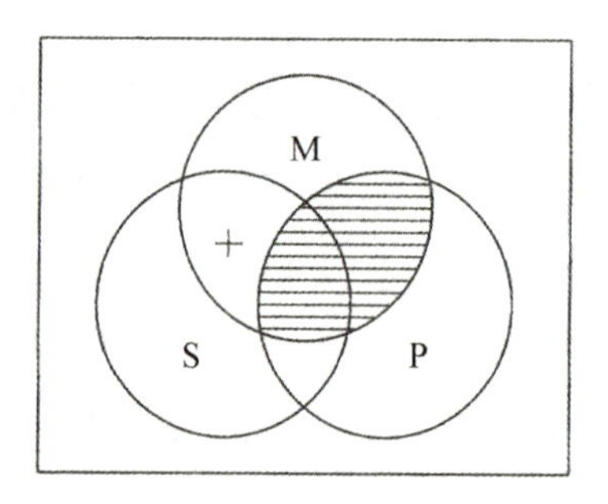

图 4-8　第二格的 EIO 式

在图中,横线阴影部分是根据大前提 PEM 去掉的;“+”表示根据小前提 SIM 所作的断定:指 S 中的 M 部分。画“+”号表示这部分是本式中要的部分。这样,由图示可见,有些 S 不是 P。

一个正确的、有效的三段论式,通过图解,其结论总是能在图中明显而准确地显示出来。如前面举的四个三段论式都是正确的推理形式,它们的结论分别在各自的图解中准确地显示出来,说明其前提蕴涵结论。不正确的三段论式,通过图解,其结论不能在图解中准确地显示出来,说明它的前提并不蕴涵结论。比如:

$$\frac{\begin{array}{c}\text{P A M}\\ \text{S I M}\end{array}}{\text{S I P}}$$

它的集合演算公式为:

$$\frac{\begin{array}{c}P\cap \overline{M}=0\\ S\cap M\neq 0\end{array}}{S\cap P\neq 0}$$

用凡恩图可表示如下：

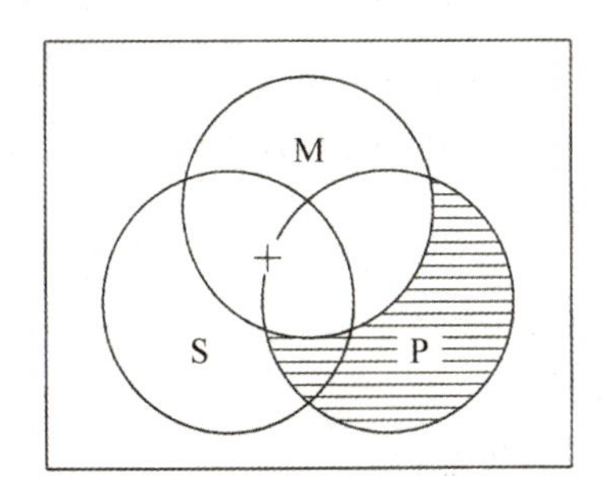

图 4-9　第二格的 AII 式

在图中，横线阴影部分是根据大前提 PAM 去掉的；根据小前提 SIM 在图中画"+"号，表示这部分是本式所要的部分，即是 M 的那部分 S。但是，由图示这部分 S 不能准确地显示出它是不是 P。因为这部分的 S 有一部分是 P，有一部分不是 P。可见，从前提不能必然地推出结论，这个三段论式是不正确的、无效的。

因此，运用凡恩图来检验、判定三段论式是否正确，其步骤是：首先把给定的三段论式化为集合演算公式，然后画出凡恩图，最后依图示看是否准确地显示出结论来。凡能准确地显示出结论的，说明它的大、小前提蕴涵结论，则该三段论式是正确的，即有效式；凡不能准确地显示出结论的，说明它的大、小前提不蕴涵结论，不能必然推出结论，则该三段论式是不正确的，即非有效式。例如：

有的第三世界的国家不是社会主义国家；

所有第三世界的国家都是经济不发达的国家；

所以，有的经济不发达的国家不是社会主义国家。

这是第三格的 OAO 式，首先列出它的集合演算公式：

$$M\cap\overline{P}\neq 0$$

$$M\cap\overline{S}=0$$

$$\overline{\quad\quad\quad\quad}$$

$$S\cap\overline{P}\neq 0$$

然后画出凡恩图解：

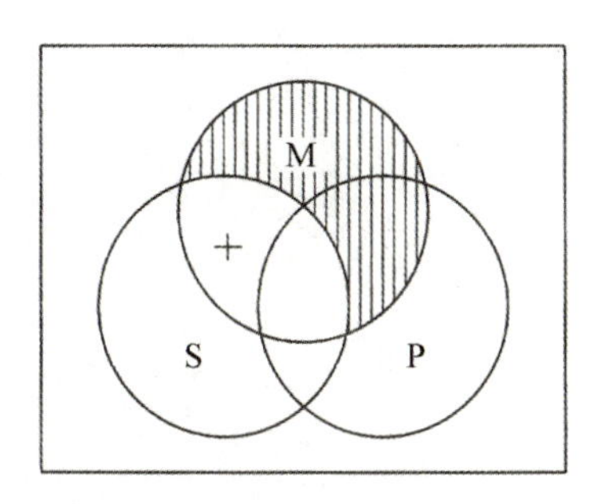

图 4-10　第三格的 OAO 式

在图中，根据大前提 MOP，在 $\overline{P}$ 的 M 部分画上“＋”，表示这部分 M 是要的，也就是说，存在着 $\overline{P}$ 的 M；竖线阴影部分是根据小前提 MAS 作出，表示 $\overline{S}$ 的 M 部分消去。这样，结论在图中准确地显示出来了。M 中要的部分 S(即“＋”所示部分)不是 P，即有的 S 不是 P。所以，可以判定，这个三段论式是正确的，即有效式。

再如：

凡上层建筑都是有阶级性的；

语言不是上层建筑；

所以，语言不是有阶级性的。

这是三段论第一格的 AEE 式，这个论式是否正确呢？我们可以用凡恩图解来判定。首先画出凡恩图如下：

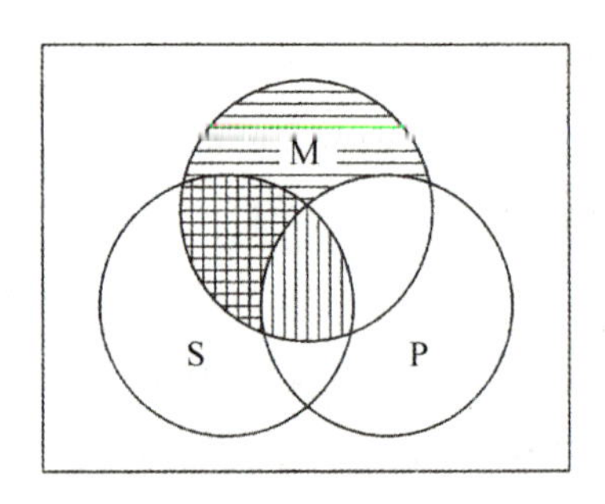

图 4－11 第一格的 AEE 式

在图中，横线阴影部分是根据大前提 MAP 消去的；竖线阴影部分是根据小前提 SEM 而消去的。这样，不能准确地显示结论中的 S 是不是 P。因为，由图示：有 S 不是 P，而有 S 是 P。可以判定这个三段论式是不正确的，即非有效式。

用凡恩图解来判定三段论式的有效性，其特点在于比较直观、简易，也比较准确。但是，它的缺点在于图解中无法直接显示出格来。应用类演算的方法来判定三段论式，就可以克服凡恩图解的这个缺点。限于本书的篇幅，我们就不具体介绍类演算的判定方法了。

第二节　关系命题及其推理

一、关系命题

（一）什么是关系命题

关系命题也是一种简单命题，它是断定事物与事物之间关系的命题。例如：

（1）事实胜于雄辩。

（2）5 大于 3。

这些都是关系命题。在前一个命题中断定了“事实”与“雄辩”之间有“胜于”的关系；后一个命题中断定了“5”与“3”之间有“大于”的关系。

和性质命题不同，关系命题是断定事物之间关系的命题。而“关系”总存在于两个或几个事物之间，因此，关系命题断定的对象就有两个或两个以上。也就是说，关系命题的主项有两个或两个以上。如前两例都是具有两个主项的关系命题。但“上海在苏州和杭州之间”这个关系命题中就断定了三个对象之间的关系，因而它就有三个主项（“上海”、“苏州”、“杭州”）。这种存在于两个事物间的关系叫两项关系，存在于三个事物间的关系叫三项关系。依此类推，则相应有四项关系、五项关系，等等。

（二）关系命题的组成

任何一个关系命题，都是由三个部分组成的，即：关系项、关系者项、量项。例如：

在教育实习中，（实习学校）有的老师表扬了（我们组的）全体同学。

在这个关系命题中，“表扬了”是关系项，“老师”和“同学”是关系者项。在前面的关系者项（如这个命题中的“老师”）叫“关系者前项”，在后面的关系者项（如这个命题中的“同学”）叫“关系者后项”（如果关系者项有两个以上，我们也可分别称之为关系者一项、关系者二项、关系者三项等）。“有的”、“全体”是表明关系者项外延的数量，称“量项”。

如果我们用“a”、“b”分别表示关系者前项和关系者后项，用“R”表示关系项，那么，具有两个关系者项的关系命题就可用公式表示如下：

所有（有的）aR 有的（所有）b

或简写为：aRb

二、关系的性质

客观事物之间的关系是很复杂的,因而,关系的种类也是很多的,无法一一列举。下面我们仅按关系的逻辑特性,讲两种最常见的、也是最主要的关系。

(一) 对称关系

什么叫对称关系呢? 我们看下面两个命题:

张老师批评李老师。

张老师和李老师在一起工作。

在前一个命题中,断定张老师与李老师有一种批评与被批评的关系,关系者前项与关系者后项是不能互换的,因为当张老师批评李老师时,李老师不一定对张老师进行反批评。而后一个命题则断定张老师与李老师有在一起工作的关系,其中关系者前项与关系者后项就可以互相调换。因为既然张老师与李老师有在一起工作的关系,那么李老师与张老师自然也有在一起工作的关系了。这后一个命题所反映的这种关系就叫做对称关系。

由此可见,所谓对称关系是指:在两个事物之间,如果一个事物与另一个事物有着某种关系,另一个事物与这个事物必有着同样的关系,那么,这两个事物之间的关系就叫做对称关系。如果用公式来表示这种关系则为:如公式 aRb 真时,公式 bRa 也真,那么,关系 R 就是一种对称关系。

在日常学习、工作中,我们碰到的"相等关系"、"相同关系"、"对立关系",以及我们在概念关系中所讲到的"矛盾关系"、"反对关系"、"交叉关系"等,都是这种对称关系。

与这种对称关系相对应,则有反对称关系与非对称关系。

所谓反对称关系是指这样一种关系:如一事物对另一事物具有某种关系,而另一事物对前一事物肯定不具有此种关系时,那么,这两个事物之间的关系就是反对称关系。如果用公式来表示则为:如公式 aRb 真时,bRa 必假,那么,关系 R 就是反对称关系。例如:"事实胜于雄辩。"其中"胜于"关系就是一种反对称关系。因为,当事实胜于雄辩时,雄辩一定没法胜于事实。其他如"剥削"、"压迫"、"侵略"等关系,也都是这种反对称的关系。

所谓非对称关系是指这样一种关系:如一事物对另一事物具有某种关系,而另一事物既可对前一事物具有某种关系,也可不具有该种关系,那么,这两个事物之间所具有的关系就是非对称关系。如果用公式来表示则为:如公式 aRb 真时,bRa 有时为真,有时为假,那么,关系 R 就是非对称关系。例如:"老张很尊重老李。”其中“很尊重”的关系就既不是对称的,也不是反对称的。因为,当老张很尊重老李时,老李可能也很尊重老张,也可能不很尊重老张。因此,“很尊重”的关系就是一种非对称的关系。其他如“认识”、“佩服”等关系,也都是这种非对称的关系。

弄清一种关系是对称的,或反对称的,或非对称的是很重要的,它有助于我们在使用关系命题时,做到判断正确恰当。我们特别要注意不能将这三种不同的关系混淆起来,即不能把那些实质上不是对称关系的关系当作对称关系,或者把对称关系当作非对称或反对称的关系。否则,我们就不仅不能做到判断正确恰当,而且,也不可能避免判断的虚假。

(二) 传递关系

什么是传递关系呢?我们看下面的例子:

张老师比李老师年长,而李老师比王老师年长,因而,张老师比王老师年长。

在这个例子中,“年长”就是一种传递关系。我们可以根据张老师比李老师年长,而李老师比王老师年长推出张老师一定比王老师年长。再如:“甲大于乙,乙大于丙,故甲大于丙。”在这里,“大于”也是一种传递关系。可见,传递关系是这样一种关系:如果当甲事物与乙事物有某种关系,而乙事物又与丙事物也有某种关系,因而甲事物与丙事物也有这种关系时,我们就称这种关系为传递关系。如果用公式来表示这种关系则为:如公式 aRb 真而且 bRc 真,那么公式 aRc 必真。在此,关系 R 就是一种传递关系。

我们在日常生活、学习中常常碰到的诸如:“小于”、“在前”、“在后”、“早于”、“晚于”,以及前面所讲过的概念间的“同一关系”、属种间的“包含关系”等,都是这种传递关系。

与这种传递关系相对应的,则有反传递关系与非传递关系。

所谓反传递关系是指这样一种关系:如甲事物与乙事物有某种关系,乙事物与丙事物也有这种关系,而甲事物与丙事物则肯定无此种关系,那么,这种关系就是反传递关系。用公式来表示则为:如果 aRb 真而且 bRc 也真时,aRc 一定假,那么,关系 R 就是反传递关系。

例如:“老陈是大李的母亲,大李是小王的母亲”,那老陈一定不是小王的母亲。在这里,“是母亲”的关系就是一种反传递的关系。其他如“是父亲”、“是儿子”等,也都是这种反传递的关系。

所谓非传递关系是指这样一种关系:如甲事物对乙事物有某种关系,乙事物对丙事物同样有某种关系,而甲事物对丙事物则可能具有这种关系,也可能不具有这种关系,那么,这种关系就是非传递关系。用公式来表示则为:如果 aRb 真而且 bRc 也真时,aRc 有时为真,有时为假,那么,关系 R 就是非传递关系。

例如:根据“老张认识老李,老李认识小陈”,我们就无法断定老张是否认识小陈,因为他可能认识,也可能不认识。在这里,“认识”关系就是一种非传递关系。其他如“相邻”、“朋友”等关系也都是这种非传递关系。

弄清一种关系是传递的还是反传递的,还是非传递的,是很重要的。否则,就有可能把它们混淆起来,把非传递的甚至反传递的关系也当作传递关系来推论,那样就必然导致错误的结论,也更谈不上什么判断的正确和恰当了。

三、关系推理

关系推理是以关系命题作为前提或结论的推理。例如:

(1) 经济基础决定上层建筑;

所以,上层建筑不决定经济基础。

(2)《史记》先于《汉书》;

《汉书》先于《资治通鉴》;

所以,《史记》先于《资治通鉴》。

上述两个推理的前提和结论都是由关系命题构成的。例(1)中的“决定”和例(2)中的“先于”都是事物间的一种关系。“决定”这一关系具有反对称的逻辑性质,“先于”这一关系具有传递的逻辑性质。这两个推理就是根据这些关系的逻辑性质进行推导,得出正确结论的。因此,关系推理是根据对象间的关系的逻辑性质进行推演的推理。

关系推理可以分为直接的关系推理和间接的关系推理。

(一) 直接的关系推理

直接的关系推理是从一个关系命题推出另一个关系命题的关系推理。常见的有以下两种。

1. 对称性关系推理

对称性关系推理是根据对称性关系的逻辑性质进行推演的关系推理。例如:

(1) 等角三角形等于等边三角形,所以,等边三角形等于等角三角形。

(2) 曹操和诸葛亮是同时代人,所以,诸葛亮和曹操是同时代人。

(3) 六和塔和灵隐寺同在杭州,所以,灵隐寺和六和塔同在杭州。

上述三个关系推理之所以正确,是因为它们所根据的“相等”、“同时”、“同地”

等关系都是对称性关系。如果以“R”表示对称性关系,这种推理形式可用公式表示如下:

aRb
所以,bRa

2. 反对称性关系推理

反对称性关系推理是根据反对称性关系的逻辑性质进行推演的关系推理。例如:

(1) 四川省的面积大于浙江省,所以,浙江省的面积不大于四川省。

(2) 墨子早于公孙龙,所以,公孙龙不早于墨子。

(3) 事实胜于雄辩,所以,雄辩不能胜过事实。

上述这三个关系推理之所以正确,是因为它们所根据的“大于”、“早于”、“胜于”等关系都是反对称性关系。如果以“R”表示反对称性关系,这种推理形式可用公式表示如下:

aRb
所以,$b\overline{R}a$

(二) 间接的关系推理

间接的关系推理是从两个关系命题推出一个关系命题的关系推理。常见的有以下两种。

1. 传递性关系推理

传递性关系推理是根据传递性关系进行推演的关系推理。例如:

(1) a 等于 b,b 等于 c,所以,a 等于 c。

(2) 长江在淮河之南,淮河在黄河之南,所以,长江在黄河之南。

(3) 辽沈战役早于淮海战役,淮海战役早于平津战役,所以,辽沈战役早于平津战役。

上述三个关系推理之所以正确,是因为它们所根据的“等于”、“在……之南”、“早于”等关系都具有传递性的逻辑性质。如果以“R”表示传递性关系,这种推理形式可用公式表示如下:

aRb
bRc
所以,aRc

2. 反传递性关系推理

反传递性关系推理是根据反传递性关系进行推演的关系推理。例如：

(1) 老李比大李大十岁,大李比小李大十岁,所以,老李必定不比小李大十岁。

(2) 老严是大严的父亲,大严是小严的父亲,所以,老严必定不是小严的父亲。

以上两个关系推理之所以正确,是因为它们所根据的"比……大十岁"和"是……父亲"的关系都具有反传递性的逻辑性质。如果以"R"表示反传递性关系,这种推理形式可用公式表示如下：

aRb

bRc

所以,$a\overline{R}c$

(三) 混合关系推理

以上我们介绍的关系推理,它们的前提和结论都是由关系命题构成的,叫做纯粹关系推理。但在日常思维中,经常应用的还有一种关系推理：构成其前提的命题有的是关系命题,有的是性质命题,这种推理称做混合关系推理。例如：

例(1) 相同体积的重金属都比水重；

铜是重金属；

所以,相同体积的铜比水重。

例(2) 凡新生的事物必定会战胜腐朽的旧事物；

社会主义制度是新生的事物；

所以,社会主义制度必定会战胜腐朽的旧事物。

以上两个推理都有两个前提和一个结论。其中一个前提是一个两项的关系命题,另一个前提则是性质命题,结论也是一个两项的关系命题。在前提和结论中也只出现三个不同的概念。这种混合关系推理很像直言三段论,因此我们把它叫做混合关系三段论。例(1)和例(2)的推理形式可以用公式表示如下：

所有的 a 与 b 有 R 关系

所有的 c 都是 a

所以,所有的 c 与 b 有 R 关系

这个混合关系三段论的推理形式显然是正确的。当然,也有一些混合关系三段论是不正确的。请看下面的例子：甲班同学在选举班委时,所有甲班的共青团员都拥护唯一的女生候选人；小黄不是甲班的共青团员；所以，小黄不拥护唯一的女生候选人。这个混合关系三段论的推理形式是：

所有的 a 与 b 有 R 关系
c 不是 a
所以，c 与 b 没有 R 关系

这个推理形式显然是不正确的。因为小黄虽然不是甲班的共青团员，但他完全可以也拥护这个“唯一的女生候选人”。因此，虽然这个推理的两个前提都是真的，但推出的结论却是假的。因此，混合关系三段论必须遵守以下几条推理规则：

（1）混合关系三段论前提中的性质命题必须是肯定的。前一例子的错误，就在于它违反了这条规则。

（2）媒介项的概念必须至少周延一次。因为在混合关系三段论中，有一个概念在两个前提中都出现。这个概念叫做媒介概念，与三段论的“中项”相类似。因此它在前提中必须至少周延一次。

（3）前提中不周延的概念在结论中不得周延。

（4）如果作为前提的关系命题是肯定的，则作为结论的关系命题也必须是肯定的；如果作为前提的关系命题是否定的，则作为结论的关系命题也必须是否定的。

（5）如果关系 R 不是对称的，则在前提中作为关系者前项（或后项）的那个概念在结论中也必须相应地作为关系者前项（或后项）。

遵守这五条规则的混合关系三段论就是正确的，反之就是不正确的。也就是说，应用这五条规则，我们就可以判定一个混合关系三段论是不是正确的、有效的。

练习题

1. 指出下列三段论推理的格和式，并指出其中的大项、中项、小项以及大前提、小前提、结论。

（1）一切正义的事业都是一定要胜利的，我们的事业是正义的事业，我们的事业是一定要胜利的。

（2）有的非金属能导电，因为石墨是非金属，而石墨能导电。

（3）学术论文不是文学作品，一切文学作品都需要创造艺术形象，而学术论文不需要创造艺术形象。

（4）鲸不是鱼，因为鱼都是用鳃呼吸的，而鲸不是用鳃呼吸的。

解题思路:

为了正确回答本题中的各题,首先要弄清各题中的哪一个命题是结论,以此进一步明确另两个命题即为前提。然后,再按具有小项(结论的主项)的前提为小前提,具有大项(结论的谓项)的为大前提,前提中出现而结论中不出现者为中项。最后即可按大前提、小前提和结论排列出该三段论的形式,并按三段论格和式的定义,说明该三段论属于何格、何式,本题即可得解。

2. 下列三段论是否正确?如不正确,违反了什么规则?

(1) 凡共青团员都是青年,并非所有的青年工人都是共青团员,所以并非所有的青年工人都是青年。

(2) 并非所有的唯物主义者都不是马克思主义者,而没有一个共产主义者不是马克思主义者,因此,所有的共产主义者都是唯物主义者。

(3) 物质是不灭的,这支钢笔是物质,所以这支钢笔是不灭的。

(4) 有些农民是劳动模范,有些农民是党员,所以有些党员是劳动模范。

(5) 不是快车是不带邮件的,下次列车是快车,所以下次列车是一定带邮件的。

(6) 甲班多数同学是共青团员,甲班有些同学是三好学生,所以,甲班有些三好学生是共青团员。

解题思路:

本题中所列各题,其前提和结论一目了然,只要将其中的某些非标准的性质命题形式改换为标准的性质命题形式,如将题(1)中的"并非所有的青年工人都是共青团员"改变为"所有的青年工人都是共青团员"的矛盾命题"有的青年工人不是共青团员",再按三段论的各条规则予以判定,即可容易解答本题。

3. 在下列括号内填入适当的符号,构成一个正确的三段论,并写出解题过程。

(1) (　　) A (　　)
(　　)(　　)(　　)
――――――――
S (　　) P

(2) M　I　P
(　　)(　　)(　　)
――――――――
S (　　) P

(3) (　　) O (　　)
(　　)(　　)(　　)
――――――――
S (　　) P

(4) (　　)(　　)(　　)
(　　) O (　　)
――――――――
S (　　) P

解题思路:

要求解此类题目关键在于正确分析各题中已提供的已知条件,并按三段论的有效式的要求予以解读并补充其未知部分。如题(2),已知大前提为"MIP",即为一特称肯定命题。由此即可推知:中项(M)和大项(P)在大前提中均不周延。按三段论规则要求,中项(M)必须在小前提中周延,为此,中项就必须在小前提中作主项,使小前提成为一个全称命题,以保证前提中至少有一个前提是全称的。同时,小前提也不能成为否定命题(否则,结论中的大项就周延了,而犯大项扩大的错误),其谓项即为小项(S)。这样,小项在小前提中不周延,在结论中也不得周延,于是,结论即为一特称肯定命题。按此,在本题括号中即可填为:

$$\frac{\begin{array}{c}M\ \ I\ \ P\\(M)(A)(S)\end{array}}{S\ (I)\ P}$$

这是三段论第三格的一个有效式:IAI 式。

4. 请运用三段论知识,回答下列各题。

(1) 以"有些 A 是 B,所有的 B 是 C"为前提进行三段论推理,能推出什么结论?为什么?

(2) 以"所有的 A 都不是 B,而所有的 C 都是 B"为前提进行三段论推理,能否推出必然结论?为什么?

(3) 以 A 命题为大前提,以 E 命题为小前提进行三段论推理,能否推出必然结论?为什么?

(4) 以 E 命题为大前提,以 I 命题为小前提进行三段论推理,结论应该是什么?为什么?

(5) 一个正确的三段论能否三个项都周延两次?为什么?

(6) 为什么结论是否定命题的三段论式,其大前提不能是 I 命题?

解题思路:

求解本题中的各题,关键在于必须按三段论的各条规则去进行分析。如题(6),其已知条件是:三段论的结论为一否定命题。按此,其大项在结论中周延,按规则,大项在前提中也必须周延,否则,犯大项扩大的逻辑错误。既然如此,如大前提为一个 I 型命题,则其主、谓项皆不周延,这就不能满足大项必须在前提中周延的要求。故当一个三段论结论为否定命题时,其大前提不能为一个 I 型命题。

5. 试分析如下一段话,指出这个人在推理时所犯的逻辑错误。

"你说甲生疮,甲是中国人,你就说中国人生疮了,既然中国人生疮,你是中国人就是你也生疮了。你既然生疮,你就是和甲一样,而你只说甲生疮,则毫无自知之明,你的话还有什么价值?倘你没有生疮,是说谎也。卖国贼是说谎的,所以你是卖国贼,我骂卖国贼,所以我是爱国者,爱国者的话是最有价值的,所以我的话是不错的,我的话既然不错,你就是卖国贼无疑了。"

解题思路:

破解此题就要把"这个人"说话中包含的推理列举出来。比如,其说话中的前三句就构成了一个三段论推理："甲生疮，甲是中国人，(所以)中国人生疮了。"然后，即可分析和指出这一推理的逻辑错误(用三段论规则来予以判明)。其余部分，以此类推，即可使本题得解。

6. 设a、b两类，b、c两类分别有以下关系，问a、c两类有什么关系?

(1) 设a类与b类全异，b类与c类交叉。

(2) 设a类包含b类，c类也包含b类。

(提示：根据各种关系的定义，组成不同的三段论，从而求得a、c两类的关系。)

解题思路：

可按本题的"提示"破解此题，如题(1)，"设a类与b类全异"，可用命题表示为"所有a不是b"。"b类与c类交叉"可用命题表示为"有b是c"(或"有c是b")。用此两个命题作前提即可得结论："有c不是a。"这表明a与c有交叉关系。

7. 下列各混合关系推理的形式是否正确? 为什么?

(1) 所有固体都能为有的液体所溶解，有的金属是固体，所以，有的金属能为有的液体所溶解。

(2) 一切负数都不比一切正数大，零不是负数，所以，零不比一切正数大。

(3) 每个人都同意有些提议，有些提议是十分宝贵的，所以，每个人都同意有些十分宝贵的提议。

(4) 有些甲班同学没有参加书法小组，小吴参加书法小组，所以，小吴不是甲班同学。

解题思路：

本题可用混合关系推理的各条规则去加以分析、判明，并说明是否正确的原因。如题(2)，所举推理不正确，因它违反了混合关系推理的一条规则：前提中的性质命题必须是肯定命题，而本题中前提之一的性质命题却是"零不是负数"这一否定命题。

8. 证明题。

(1) 试证明：若一三段论的大前提是特称命题，则其小前提只能是肯定命题。

(2) 试运用三段论的一般规则证明：第四格三段论的大、小前提均不能是特称否定命题。

(3) 试证明：若一三段论中项周延两次，则其结论必然是特称命题。

(4) 已知某有效三段论的小前提是否定命题，试证：该三段论大前提只能是全称肯定命题。

解题思路：

本题各题都必须用三段论的规则去对题设进行证明。如题(4)，已知某有效三段论的小前提是否定命题，按此即可推知，其大前提必为肯定命题(三段论规则，两个否定命题作前提不能得出结论)，而结论必为否定命题(前提之一是否定命题，结论必为否定命题)。结论为否定命题，作为结论的谓项的大项必然周延，为此，大项在前提中也必须周延(否则就违反三段论规则：在前提中不周延，在结论中不得周延)。而为了大项在前提中周延，只能有两种情况，一是作否定命题前提的谓项，但大前提已证明不能为否定命题，另一是作肯定命题的主项，而且，必须是周延的。这就决定该三段论的大前提只能是一个全称肯定命题。

9. 欧勒图解题。

(1) 已知：(A) M与P外延不相容；

(B)“所有M是S”为真；

请用欧勒图表示S与P可能具有的各种外延关系。

(2) 已知：(A) M真包含于P；

(B)“有些S是M”为真；

请用欧勒图表示S与P可能具有的各种外延关系。

(3) 已知：(A)“所有M不是P”为真；

(B) M真包含S；

请用欧勒图表示S与P可能具有的各种外延关系。

解题思路：

按题示已知条件：将已提供的各种概念在外延间的关系、用欧勒图表示出来，各题即可得解。如题(1)，已知(A)：“M与P外延不相容”，用欧勒图可表示为：(M) (P)；(B)：“‘所有M是S’为真”，用欧勒图可表示为：((M) S)。将A、B两图合并可为：

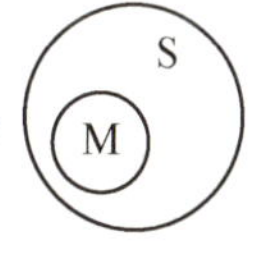

(P)，此即欧勒图所表示的S与P的第一种关系：S与P为全异关系。S与P另两种关系可能为：

，即交叉关系，即真包含关系。此即在已知(A)、(B)条件下，S与P可能具有的三种关系。

10. 试用凡恩图判定下列三段论是否有效。

(1) 第一格AAI式。

(2) 第二格AEE式。

(3) 第三格AOO式。

(4) 第四格EIO式。

解题思路：

回答这类问题必须遵循下列步骤，首先，按题设列出三段论式；其次，将三段论的前提和结论表述为集合演算(亦称类演算)公式；最后，再按集合演算公式画出凡恩图，即可较直观地判明其三段论是否有效。以题(1)为例，首先，将 AAI 式列出三段论式：

$$\frac{\begin{array}{c}MAP\\SAM\end{array}}{SIP}$$

其次，将 MAP 表述为：$M\cap\overline{P}=0$(读为 M 而非 P 的部分是不存在的)

SAM 表述为：$S\cap\overline{M}=0$(读为 S 而非 M 的部分是不存在的)

SIP 表述为：$S\cap P\neq0$(读为既是 S 又是 P 的部分是存在的)

按此，用凡恩图可表示为：

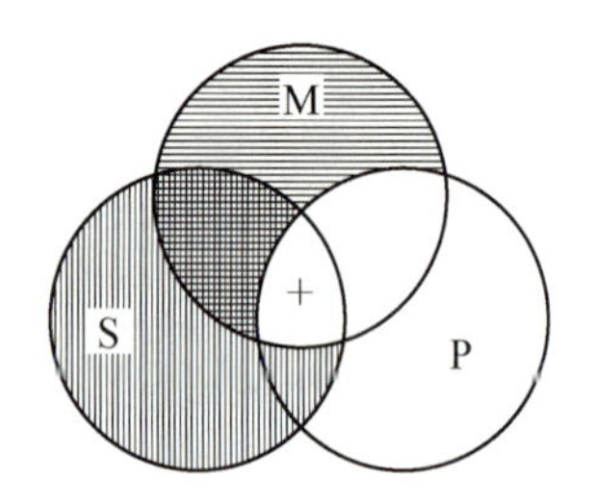

图中的横线，表示是 M 但不是 P 的部分是不存在的，即所有 M 是 P。图中竖线部分表示是 S 但不是 M 的部分是不存在的，即所有 S 是 M。"+"号部分表明是 S 又是 P 的部分是存在的，即有 S 是 P。这样，本图就证明了三段论第一格的 AAI 式是一个正确的有效式。

11. 试从对称性和传递性两方面指明下列关系的逻辑性质。

(1) 概念外延间的同一关系。

(2) 概念外延间的真包含关系。

(3) 概念外延间的交叉关系。

(4) 命题间的矛盾关系。

(5) 命题间的蕴涵关系。

(6) 命题间的等值关系。

解题思路：

本题只要根据关系的对称性和传递性的逻辑性质，即可对各题作出鉴别、回答。如题(1)"概念外延间的同一关系"，它既是对称的，也是可传递的，故具有对称性和传递性。

12. 从关系的逻辑性质方面指出下列两段话中的逻辑错误。

(1) 我家离你家很近，但你家离我家并不近呀！

(2) A 离 B 很近，B 离 C 很近，可见 A 离 C 也很近。

解题思路：

本题只要按关系的对称性与传递性对其进行分析，即可指出其错误所在。请自证。

第五章
复合命题及其推理（上）

Chapter 5

复合命题是包含了其他命题的一种命题,一般地说,它是由若干个(至少一个)简单命题通过一定的逻辑联结词组合而成的。如:

(1) 小张既会唱歌,又会跳舞。

(2) 并非所有的演员都会绘画。

这两个都是复合命题。例(1)是由“小张会唱歌”和“小张会跳舞”这两个简单命题通过“既……又……”连接而成;例(2)是由“所有的演员都会绘画”这个简单命题与“并非”连接而成。复合命题所包含的这些简单命题称为复合命题的肢命题,连接肢命题的“既……又……”和“并非”称为复合命题的逻辑联结词,简称联结词。任何一个复合命题都是由一定的逻辑联结词结合若干肢命题而构成的。

复合命题的逻辑性质是由逻辑联结词来决定的。不同的联结词是区别各种类型复合命题的唯一根据。

前提或结论包含复合命题并且依据复合命题的逻辑性质来进行推演的推理就是复合命题的推理。

按联结词的不同,复合命题一般可分为联言命题、选言命题、假言命题和负命题。下面分别介绍这些命题及其推理。

第一节 联言命题及其推理

一、联言命题

联言命题是断定事物的若干种情况同时存在的命题。如:

他参加过亚运会,也参加过奥运会。

这个命题就断定了“他参加过亚运会”和“他参加过奥运会”这两种情况同时存在。

联言命题所包含的肢命题称为联言肢。在现代汉语中表达联言命题逻辑联结词的通常有:“……和……”,“既……又……”,“不但……而且……”,“一方面……另一方面……”,“虽然……但是……”,等等。

如果取“并且”作为联言命题的典型联结词,用小写的英文字母“p”、“q”来表示联言命题的肢命题,即联言肢,那么联言命题的形式可表示为:

p 并且 q

现代逻辑则用“∧”(读作“合取”)这一符号作为对联言命题联结词的进一步抽象,于是联言命题的公式就是:

$$p \wedge q$$（读作“p 合取 q”）

这个公式称为“合取式”。

由于联言命题是由同时断定了事物的几种情况的各个联言肢所组成的，因此，联言命题的真假就取决于联言肢的真假。一个联言命题只有当其每个肢命题都真时，这个联言命题才是真的；只要其中有一个肢命题是假的，整个命题就是假的。

联言命题的逻辑值（即真假值）与其联言肢逻辑值的关系如表 5-1 所示，其中“T”代表“真”，“F”代表“假”（也有的书上用“+”代表“真”、“-”代表“假”，下同）。

表 5-1 联言命题真值表

p	q	$p \wedge q$
T	T	T
T	F	F
F	T	F
F	F	F

这种反映复合命题与其肢命题之间真假关系的图表称为真值表。从真值表上可以看出，一个复合命题的真假，是由它所包含的肢命题的真假来决定的：一旦肢命题的真假给定，整个复合命题的真假也就确定了。这就像在数学函数中，一旦自变量的值给定，函数值也就随之确定了一样。因此，复合命题实际上是一种“真值函项”。

从以上联言命题的真值表可知，一个联言命题为真，当且仅当所有联言肢为真；只要有一个联言肢为假，整个联言命题便为假。这里要注意的是：“∧”是对联言命题联结词在真值方面的一种逻辑抽象，它舍弃了这些联结词在意义上的某些具体差异，而仅仅保留了“断定事物若干情况存在”这一意义。因此，在现代汉语中用“但是”、“还”、“尽管”等联结词所联结而成的联言命题并不完全等同于用“∧”所联结而成的合取式。后者只是前者在真值方面的抽象。因而用“∧”所表示的（即在合取式意义下所理解的）联言命题的真假，与联言肢的前后顺序无关，与联言肢之间在内容上的联系无关。但这对前者来说（即对用“但是”、“还”等联结而成的联言命题来说），却是极为有关的（比如，顺序是不能随意颠倒的）。如“他获得了奥运会的金牌，并且参加了奥运会”就是一个在逻辑上可接受的联言命题，但它对日常思维来说却是不恰当的，因为它的两个肢命题在意义上前后顺序被颠倒了。同样，“他参加了亚运会，并且雪是白的”在逻辑上可以为真，因为，对于联言命题来说，在真值方面的唯一要求就是看其所有联言肢是否为真，而上述两个肢命题都分别为真（虽然二者无意义上的联系）。但就日常思维而言，这样的联言命题是没有意义的。

二、联言推理

前提或结论为联言命题,并且依据联言命题的逻辑性质来进行推演的推理就是联言推理。由于一个联言命题为真,当且仅当所有的联言肢为真,这样,联言推理便有两种推理形式。

(一) 分解式

这是根据一个联言命题为真而推出其各联言肢为真。公式是:

$$\frac{p \wedge q}{p(\text{或 } q)}$$

例如,有人曾有如下议论:"既然大家都认为老王既有优点又有缺点的看法是正确的,那么我说老王是有缺点的,这又有什么不对呢?"这人的这个议论实际上就是运用了一种联言推理,即:

老王既有优点又有缺点,

所以,老王是有缺点的。

(二) 组合式

这是根据一个联言命题的各个联言肢为真而推出该联言命题为真。公式是:

$$\begin{array}{c} p \\ q \\ r \\ \hline p \wedge q \wedge r \end{array}$$

例如,有人说:"在社会主义建设时期,不仅工人和农民是社会主义建设的依靠力量,而且知识分子也是社会主义建设的依靠力量,所以,工人、农民和知识分子都是社会主义建设的依靠力量。"这也是一个联言推理,即:

工人是社会主义建设的依靠力量,

农民是社会主义建设的依靠力量,

知识分子也是社会主义建设的依靠力量,

所以,工人、农民和知识分子都是社会主义建设的依靠力量。

由于联言推理比较简单,因此往往被人们忽视。其实,它在人们的实际思维中却是经常要用到的。同时,联言推理还常常同假言推理或选言推理结合,构成许多复杂的推理。因此,要分析这些复杂的推理,也必须对联言推理有正确的认识。

第二节　选言命题及其推理

一、选言命题

选言命题是断定事物若干种可能情况的命题。如：

一个物体要么是固体，要么是液体，要么是气体。

老李或是演员，或是导演。

在这两个复合命题中，前者断定了“一个物体”可能具有的三种情况（是固体、是液体、是气体），后者则断定了“老李”可能具有的两种情况（是演员或是导演）。

选言命题也是由两个以上的肢命题所组成的。包含在选言命题里的肢命题称为选言肢。如前两例中，“一个物体是固体”、“一个物体是液体”、“一个物体是气体”这三个命题就是前一个选言命题的三个选言肢；“老李是演员”、“老李是导演”就是后一个选言命题的两个选言肢。

在选言命题中，各个选言肢所分别断定的事物的几种可能情况，有的是可以并存的（如上面举出的后一个选言命题），有的则是不能并存的（如上面举出的前一个选言命题）。据此，选言命题又可相应地区分为相容的选言命题与不相容的选言命题两种。下面，我们分别予以说明。

（一）相容的选言命题

断定事物若干种可能情况中至少有一种情况存在的命题就是相容的选言命题。如：

液体沸腾，或由于温度升高，或由于压强下降。

艺术作品质量差，也许由于内容不好，也许由于表现形式不好。

这两个例子就都表达了相容的选言命题，它们所分别断定的事物的若干可能情况是可以并存的。在前一例中，使“液体沸腾”的两种可能情况“温度升高”和“压强下降”可以同时起作用；在后一例中，“内容不好”和“表现形式不好”也可共同导致“艺术作品质量差”这一结果。

表达相容的选言命题的逻辑联结词通常有“或……或……”、“可能……也可能……”、“也许……也许……”等。我们通常用如下形式来表示相容的选言命题：

p 或者 q

现代逻辑则用“∨”(读作“析取”)这一符号作为对相容选言命题联结词的进一步抽象,于是相容选言命题的公式就可表示为:

p∨q(读作“p 析取 q”)

这个公式称为“析取式”。

由于相容选言命题的各个肢所断定的情况是可以并存的,因此,在相容选言命题中,可以不止有一个选言肢是真的。但是,只有至少有一个选言肢是真的,该选言命题才是真的,否则,就是假的。

相容选言命题的逻辑值与其选言肢的逻辑值之间的关系可表示如表 5-2:

表 5-2 相容选言命题真值表

p	q	p∨q
T	T	T
T	F	T
F	T	T
F	F	F

从以上相容的选言命题的真值表可知,一个相容的选言命题为真,当且仅当至少有一个选言肢为真;只有所有的选言肢都为假,整个相容的选言命题才为假。同样要注意的是,选言命题的真假与它所包含的各选言肢的前后顺序无关,也与这些选言肢在内容上是否有联系无关。重要的是能否满足至少一个选言肢为真这一要求。

(二) 不相容的选言命题

不相容的选言命题是断定事物若干可能情况中有而且只有一种情况存在的命题。如:

一个三角形,要么是钝角三角形,要么是锐角三角形,要么是直角三角形。

不是老虎吃掉武松,就是武松打死老虎。

这两个命题就都表达了不相容的选言命题。它们分别断定的关于事物的几种可能情况是不能并存的。

表达不相容的选言命题的联结词有“或……或……,二者不可兼得”、“要么……要么……”、“不是……就是……”等。我们通常用

要么 p,要么 q

来表示不相容的选言命题。也可用符号“$\dot{\vee}$”(读作“强析取”)来代表其联结词,从而不相容的选言命题就可表示为公式:

$$p \dot{\vee} q$$(读作“p 强析取 q”)

其实,不相容的选言命题还可以用相容的选言命题结合否定命题来表示,即:

$$(p \vee q) \wedge \overline{(p \wedge q)}$$

其中前一个联言肢表示 p 与 q 至少有一个为真,后一个联言肢表示 p 与 q 不可都真(“—”表示“否定”)。这样就清楚地显现了不相容选言命题的特征,即:p 与 q 中有而且只有一个为真。

由于不相容的选言命题断定了事物若干可能情况中,有而且只有一种情况存在,这样,一个不相容的选言命题为真,当且仅当恰好有一个选言肢为真。当所有的选言肢都为假或不止一个选言肢为真时,整个不相容的选言命题便为假。其真值表如表 5-3:

表 5-3　不相容选言命题真值表

p	q	$p \dot{\vee} q$
T	T	F
T	F	T
F	T	T
F	F	F

二、选言推理

前提中包含选言命题、并且根据选言命题的逻辑性质来进行推演的推理就是选言推理。由于选言命题有相容的和不相容的两类,选言推理也相应分为两类。

(一) 相容的选言推理

以相容的选言命题作为前提的选言推理就是相容的选言推理。由于一个相容的选言命题为真,当且仅当至少有一个选言肢为真,因此,当选言前提为真时,我们便能推知选言肢不可能都为假。这样,相容选言推理的形式是:

$$\frac{\begin{array}{c} p \vee q \\ \overline{p} \end{array}}{q}$$

例如：

小张或爱好文艺，或爱好体育；
小张不爱好文艺；
———————————
小张爱好体育。

就是使用了相容的选言推理。前提之一肯定了“小张爱好文艺”和“小张爱好体育”中至少有一种情况存在，另一前提则否定了“小张爱好文艺”这一情况，那么，其结论自然也就为剩下的选言肢“小张爱好体育”了。

因为相容的选言命题的各选言肢是可以同时为真的，所以，我们不可以通过肯定选言前提中一部分选言肢为真而推出其另外的选言肢为假。而只能通过否定选言前提中的一部分选言肢而在结论中肯定其另外的选言肢。按此，相容的选言推理的规则有两条：

(1) 否定一部分选言肢，就要肯定另一部分选言肢。

(2) 肯定一部分选言肢，不能否定另一部分选言肢。

(二) 不相容的选言推理

以不相容的选言命题作为前提的选言推理就是不相容的选言推理。由于一个不相容的选言命题为真，当且仅当恰好有一个选言肢为真，不相容的选言推理便有两种正确的推理形式。

Ⅰ. 否定肯定式：

$$\frac{\begin{array}{c} p \dot{\vee} q \\ \overline{p} \end{array}}{q}$$

例如：

要么甲是罪犯，要么乙是罪犯；
甲不是罪犯；
———————————
乙是罪犯。

就使用了这种推理形式。

Ⅱ. 肯定否定式：

$$\frac{\begin{array}{c} p \dot{\vee} q \\ p \end{array}}{\overline{q}}$$

例如：

小张现在不是在北京,就是在广州;
小张现在是在北京;
——————————————
小张现在不在广州。

就是这种推理形式。

根据不相容选言命题的逻辑性质(选言肢不能同真),不相容选言推理有两条规则:

(1) 肯定一个选言肢,就要否定其余的选言肢。

(2) 否定一个选言肢以外的选言肢,就要肯定未被否定的那个选言肢。

第三节 假言命题及其推理

假言命题是断定事物情况之间条件关系的命题。如:

要想做个合格的教师,就要懂点心理学。

只有站在巨人肩上,才能具有远见卓识。

都是假言命题,它们分别断定了“做个合格的教师”与“懂点心理学”,“站在巨人肩上”与“具有远见卓识”之间的某种条件关系。

假言命题中,表示条件的肢命题称为假言命题的前件,表示依赖该条件而成立的命题称为假言命题的后件。假言命题因其所包含的联结词的不同而具有不同的逻辑性质。

由于假言命题是断定一事物情况是另一事物情况条件的命题,因此,对于假言命题来说,弄清其前后件之间是什么样的一种条件联系,是非常重要的。不同的条件关系构成不同性质的假言命题。一般地说,就一事物情况作为另一事物情况的条件来说,主要有充分条件、必要条件和充分必要条件之分。因而,作为反映这种不同的条件关系的假言命题,也可相应分为三种。

前提中包含有假言命题,并且依据假言命题的逻辑性质来进行推演的推理就是假言推理。

一、充分条件假言命题及其推理

(一)充分条件假言命题

充分条件的假言命题是指前件是后件的充分条件的假言命题。所谓前件是后件的充分条件是指:只要存在前件所断定的事物情况,就一定会出现后件所断定的事物情况,即前件所断定的事物情况的存在,对于后件所断定的事物情况的存在来说是充分的。如物体间进行摩擦必然产生热,物体摩擦就是生热的充分条件。反映事物情况之间这种充分条件关系的假言命题,就是充分条件的假言命题。例如:

如果你骄傲自满,那么你就要落后。

这就是一个充分条件的假言命题。因为,在这个假言命题中,前件“你骄傲自满”,就是后件“你要落后”的充分条件。因为一个人只要他有骄傲自满的思想存在,他就必然要落后。但是,如果一个人没有骄傲自满的思想,他是否会落后呢?

在这一命题中则未作断定。

充分条件假言命题联结词的语言标志通常是："如果……那么……"、"只要……就……"、"若……必……"等。充分条件假言命题的逻辑公式是：

如果 p，那么 q

如果我们用符号"→"(读作"蕴涵")表示充分条件假言命题的逻辑联结词，那么，充分条件假言命题就可表示为下述这样一个公式：

p→q(读作"p 蕴涵 q")

这就是现代逻辑所说的**蕴涵式**。

充分条件假言命题是建立在反映客观事物的情况之间具有充分条件关系的基础之上的。因此，对于充分条件假言命题来说，其真假就并非简单地取决于其前后件本身的真假，而取决于它的前后件之间是否确实存在充分条件的关系。例如：在"如果马克思主义害怕批评，那么，马克思主义就不是真理了"这个充分条件的假言命题中，它的前件"马克思主义害怕批评"和后件"马克思主义就不是真理了"都是假的，但是这个假言命题却显然是真的，因为它的前后件之间确实存在着充分条件的关系。

充分条件假言命题的逻辑值与前后件逻辑值之间的关系可表示如表 5-4：

表 5-4　充分条件假言命题真值表

p	q	p→q
T	T	T
T	F	F
F	T	T
F	F	T

这就是充分条件假言命题的真值表。它告诉我们，一个充分条件的假言命题，只有当它的前件真，后件假时，该假言命题才是假的。在其他情况下，充分条件假言命题都是真的。弄清这一点，对于我们准确把握一个充分条件假言命题的逻辑性质来说，是非常重要的。但同时我们也要注意的是，人们在实际思维过程中运用一个充分条件假言命题时，并不只是考虑其前后件的真假关系，同时还必须考虑其前后件之间在内容上的联系。比如：

如果雪是白的，那么，长江是中国最长的河流。

按其逻辑联结词来看，这是一个充分条件假言命题。而且，根据充分条件假言命题的真值表，由于其前后件都真，因而也是一个真的充分条件假言命题。但是，从其具体内容来看,其前后件之间却是没有什么必然联系的,而仅仅存在着一种纯粹真假关系上的联系。这种联系当然也有一定的意义,但就我们的日常思维来说,却不能仅仅满足于这种联系,而必须要求把这种真假联系和其在内容上的有机联系结合起来。因为,我们日常思维中所考虑和运用的充分条件假言命题总是适应着一定实际情况的需要、有其具体内容的。这一点,对于我们后面即将讲到的另外两种假言命题来说,也同样是必须引起注意的。后面,我们就不再对此加以说明了。

(二) 充分条件假言推理

充分条件假言推理是以充分条件假言命题作为前提而构成的假言推理。比如,“如果谁骄傲自满,谁就会落后”是一个充分条件假言命题,用这个假言命题作为前提构成的假言推理就是一个充分条件的假言推理。

由于充分条件假言命题反映的是某种条件的存在足以导致另种情况的存在,因此,在这种条件存在时,就可推知另种情况的存在;在另种情况不存在时,就可推知这种条件不存在。于是,充分条件假言推理有两种正确的推理形式。

Ⅰ. 肯定前件式

$$\frac{\begin{array}{l} p \to q \\ p \end{array}}{q}$$

如:

如果谁骄傲自满,谁就会落后;
某人骄傲自满;
———————————
某人会落后。

Ⅱ. 否定后件式

$$\frac{\begin{array}{l} p \to q \\ \overline{q} \end{array}}{\overline{p}}$$

如:

如果要当一名合格的教师,就要懂得教育学;
某人对教育学一窍不通;
———————————
这个人不能成为合格的教师。

运用充分条件假言推理时要注意,在通常情况下,充分条件假言命题的前件反映的只是能分别独立导致后件结果的若干条件之一,这种关系可图示如下:

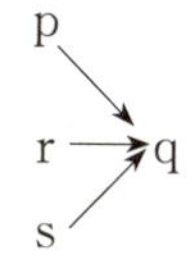

由图可知,p、r、s都可分别独立导致q,所以,在没有p时并不一定没有q(因为有r或s也会有q),在有q时也并不一定就有p(因为q可由r或s所致)。可见,我们不可通过肯定一个充分条件假言命题的后件来肯定其前件,也不可通过否定一个充分条件假言命题的前件来否定其后件。拿"如果谁骄傲自满,谁就会落后"来说,骄傲自满只是引起落后的条件之一,其他如悲观失望、墨守成规、行为不当等也可引起落后,所以,我们不可由某人没骄傲自满而推知他不会落后,也不可由他落后了而推知一定是因为他骄傲自满。这样,充分条件假言推理就相应地有如下两条规则:

(1) 肯定前件就要肯定后件,否定后件就要否定前件。

(2) 否定前件不能否定后件,肯定后件不能肯定前件。

二、必要条件假言命题及其推理

(一) 必要条件假言命题

必要条件的假言命题是指前件是后件的必要条件的假言命题。所谓前件是后件的必要条件是指:如果不存在前件所断定的事物情况,就不会有后件所断定的事物情况,即前件所断定的事物情况的存在,对于后件所断定的事物情况的存在来说是必不可少的。如:

只有深入生活,才能深刻地反映生活。

不具备一定的专业知识,就不能做好工作。

这两个命题都是必要条件假言命题。表达必要条件假言命题的联结词有"只有……才"、"不……(就)不……"、"没有……没有……"等。我们一般把必要条件假言命题表述成如下形式:

只有p,才q

如果我们用"←"(读作"反蕴涵")来表示必要条件假言命题的联结词,必要条件假言命题就可写成公式:

p←q(读作"p反蕴涵q")

由于必要条件假言命题的前件对后件而言是必不可少的,也就是说,如果没有前件,就必定没有后件,因此,我们也可将必要条件假言命题用充分条件假言命题的形式表现为:

$$\overline{p} \rightarrow \overline{q}$$

根据必要条件假言命题的逻辑特性,我们把它的逻辑值与其前后件逻辑值之间的关系列表如表5-5:

表5-5 必要条件假言命题真值表

p	q	p←q
T	T	T
T	F	T
F	T	F
F	F	T

可以看出,一个必要条件假言命题为假,当且仅当前件假而后件真。其他情况下,整个命题都为真。

(二)必要条件假言推理

以必要条件假言命题为假言前提所进行的假言推理就是必要条件假言推理。

由于必要条件假言命题反映的是某种条件的不存在必然导致某种情况的不存在,因此,在没有这种条件时,我们就可推知一定没有这种情况;在有了这种情况时,就可推知一定有了这种条件。于是,必要条件假言推理就有两种正确的推理形式。

Ⅰ.否定前件式

$$\begin{array}{c} p \leftarrow q \\ \underline{\overline{p}} \\ \overline{q} \end{array}$$

如:

只有年满十八周岁,才有选举权;

某人不满十八周岁;

某人没有选举权。

Ⅱ.肯定后件式

$$\begin{array}{c} p \leftarrow q \\ \underline{q} \\ p \end{array}$$

如:

只有具备一定的专业知识,才能把工作做好;

某人工作做得很好;

这个人具备了一定的专业知识。

在运用必要条件假言推理时要注意，必要条件假言命题的前件反映的情况通常只是后件情况必不可少的条件之一，它往往需要与其他条件相结合才能共同导致后件所反映的情况，这种关系可图示如下：

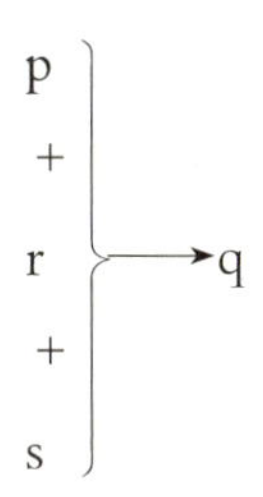

由图可知，要使 q 成立，需 p、r、s 都同时成立。所以，仅有 p，不一定有 q(因为也许没有 r 或 s)；没有 q 也不一定就没有 p(因为没有 r 或 s 时，也就没有 q)。可见，我们不可通过肯定一个必要条件假言命题的前件而肯定其后件，也不可通过否定一个必要条件假言命题的后件而否定其前件。按此，必要条件假言推理也相应有两条规则：

(1) 否定前件就要否定后件，肯定后件就要肯定前件。

(2) 肯定前件不能肯定后件，否定后件不能否定前件。

三、充分必要条件假言命题及其推理

(一) 充分必要条件假言命题

充分必要条件假言命题指的是这样一种假言命题，前件既是后件的充分条件，又是后件的必要条件。简单地说，即前件是后件的既充分又必要的条件。所谓前件是后件的既充分又必要的条件是指：只要存在前件所断定的事物情况，就必然会有后件所断定的事物情况；若没有前件所断定的事物情况，就必然不会出现后件所断定的事物情况。如："一个数能被 2 除尽"就是"这个数是偶数"的既充分又必要的条件。因为，只要一个数能被 2 除尽，这个数就必然是偶数，只要一个数不能被 2 除尽，这个数也就不是偶数。据此，"只要而且只有一个数能被 2 除尽，这个数才是偶数。"就是一个充分必要条件的假言命题。其他如："人不犯我，我不犯人；人若犯我，我必犯人。""当且仅当三角形三内角相等，该三角形是等边三角形。"等等，都是这种充分必要条件的假言命题。

表达充分必要条件假言命题的联结词有："只要而且只有……，才……"、"若……则……，且若不……则不……"、"当且仅当……，则……"，等等。我们一般将之表示为如下形式：

当且仅当 p，则 q

从上述关于充分必要条件假言命题的定义和举例中可以看出,充分必要条件假言命题的前件和后件的真值是相同的。因此,逻辑学中通常用表示等值的符号“↔”(读作“等值于”)来表示充分必要条件假言命题的联结词,按此,充分必要条件假言命题的公式就是:

$p\leftrightarrow q$(读作“p 等值于 q”)

这就是现代逻辑所谓的“等值式”。根据充分必要条件的含义,等值式也可以下述形式来表达:

$$(p\rightarrow q)\wedge(p\leftarrow q)$$

充分必要条件假言命题的逻辑值与其肢命题(前件或后件)逻辑值之间的关系表示如表 5-6:

表 5-6　充分必要条件假言命题真值表

p	q	p↔q
T	T	T
T	F	F
F	T	F
F	F	T

可以看出,一个充分必要条件假言命题为真,当且仅当等值符号“↔”所联结的肢命题(前件与后件)同真同假。这也是这种复合命题被称为“等值式”的原因。

(二) 充分必要条件假言推理

充分必要条件假言推理是以充分必要条件假言命题作为假言前提而构成的假言推理。根据充分必要条件假言命题的逻辑特性,充分必要条件假言推理有如下四种形式:

$$\text{Ⅰ}.\ \begin{array}{l} p\leftrightarrow q \\ \underline{p\qquad\quad} \\ q \end{array} \qquad\qquad \text{Ⅱ}.\ \begin{array}{l} p\leftrightarrow q \\ \underline{q\qquad\quad} \\ p \end{array}$$

$$\text{Ⅲ}.\ \begin{array}{l} p\leftrightarrow q \\ \underline{\overline{p}\qquad\quad} \\ \overline{q} \end{array} \qquad\qquad \text{Ⅳ}.\ \begin{array}{l} p\leftrightarrow q \\ \underline{\overline{q}\qquad\quad} \\ \overline{p} \end{array}$$

练习题

1. 下列命题属于何种复合命题？请写出其逻辑公式。

(1) 在努力学习逻辑知识的同时，我们还要努力学习其他科学知识。

(2) 在战略上要藐视敌人，在战术上又要重视敌人。

(3) 没有文化，就学不好马克思主义。

(4) 人不犯我，我不犯人；人若犯我，我必犯人。

(5) 不入虎穴，焉得虎子。

(6) 液体沸腾或因温度升高，或因压强下降。

(7) 这次旅游他要么去泰山，要么去黄山。

(8) 只有会休息的人，才是会工作的人。

(9) 理论一旦为群众所掌握，就会变成物质的力量。

(10) 只要自然科学在思维着，它的发展形式就是假说。

解题思路：

本题应首先对各小题的语句表述作出分析，依据各种复合命题的逻辑特性，鉴别其表达的是何种复合命题，然后再写出复合命题的逻辑公式。在此要特别注意的是：如题(5)，是将“不入虎穴”、“焉得虎子”视为省略了“如果……那么”这一联结词的肢命题呢，还是仅将“入虎穴”和“得虎子”视为肢命题？而是不是将“不”、“焉”视为命题联结词，其表达的复合命题是不同的。

2. 简答下列问题。

(1) 设A为一肢命题，对任何肢命题B而言，要使“A或者B”为真，那么A应取值为真还是假？

(2) 设A为一肢命题，对任何肢命题B而言，要使“A并且B”为假，那么A应取值为真还是假？

(3) 设A为前件，对任何后件B而言，要使“如果A，那么B”为真，那么A应取值为真还是假？

(4) 断定一个复合命题为真，是否必然断定了其所有肢命题为真？试举一例加以说明。

(5) 甲被指控偷了一架新型收录机，但甲在法庭上声称该收录机属于自己，并曾使用过。审判员要甲当场打开该收录机。甲说：“如果我能打开这架收录机，那么它便是我的，对吗？”审判员回答：“不对。”

请运用假言命题知识说明审判员为什么回答“不对”，并说明若甲打不开此收录机，应作何断定。

解题思路:

本题需根据各种复合命题的逻辑特性,按照复合命题与其肢命题之间的真值关系来予以判定。如题(2)只要弄清“A 并且 B”这一联言命题(亦称合取式)与其联言肢之间的真值关系,即只有当其联言肢皆取值为真时,该联言命题才会是真的。按此,只要肢命题 A 取值为假,无论联言肢 B 是真还是假,“A 并且 B”皆为假。

3. 下列推理是否正确?为什么?

(1) 或者“小组同学都是团员”为假,或者“小组同学都不是团员”为假;“小组同学都不是团员”为假;所以“小组同学都是团员”为真。

(2) C 不是 D,因为 A 是 B,已知若 A 不是 B,则 C 是 D。

(3) 只有一列车是快车,它不在这一站停车;上一班车在这一站停车;所以上一班车不是快车。

(4) 如果桥梁被水冲坏了,汽车就不会准时回来,现在汽车没有准时回来,所以桥梁被水冲坏了。

解题思路:

解答此类问题,首先应弄清它是一个什么性质的推理,然后,就可按该推理的规则判定其是否正确,并讲明理由。如题(1),其推理形式为:“或者 SAP 假,或者 SEP 假;SEP 假;所以,SAP 真。”如视其选言前提为不相容选言命题,则这是一个正确的选言推理。理由是:不相容选言推理的规则是:前提中肯定一肢,结论就要否定另一肢。前提既然肯定了“SEP 假”,结论就必然否定“SAP 假”,即 SAP 为真:“小组同学都是团员”。如视其选言前提为相容选言命题,则这是一个不正确的推理,理由是:按相容选言推理的规则,只能有否定肯定式,不能有肯定否定式,即不能在前提中肯定一肢,在结论中就否定另一肢。因相容选言命题两个肢可以是相容的、即同时并存的。

4. 不改变下列语句的内容,把它们改成充分条件的假言命题。

(1) 他不能跳过这道沟,除非他是运动员。

(2) $x>3$ 对于 $x>5$ 来说是必要的。

(3) 只有不畏艰险的人,才能胜利到达顶点。

(4) 他或者会下围棋或者会打桥牌。

解题思路:

解答这类问题,首先要分析和辨清各个复句所表达的是何种复合命题,如系必要条件假言命题,则可根据充分条件与必要条件的相互转换规则将这一必要条件的假言命题,转换为一充分条件假言命题。如系选言命题,即可将选言推理规则表述为一充分条件假言命题。如题(4),按否定一肢就要肯定另一肢的规则,则可将其改为:“如果他不会下围棋,他就会打桥牌。”

5. 单项选择题。

(1) 两个假言命题的逻辑形式相同,是指(　　)相同。

a. 前件和后件　　b. 前件和联结词

c. 后件和联结词　　d. 联结词

(2) 若有两个选言肢的一个不相容选言命题为真,则其两个选言肢(　　)。

a. 可同真且可同假　　b. 可同真但不可同假

c. 不可同真但可同假　　d. 不可同真不可同假

(3) 以下命题形式中,与“$p \dot{\vee} q$”既不能同真又不能同假的是(　　)。

a. $p \rightarrow q$　　b. $p \leftarrow q$　　c. $p \leftrightarrow q$　　d. $p \vee q$

(4) 复合命题的真假取决于(　　)。

a. 肢命题的内容　　b. 复合命题的结构

c. 肢命题的真假　　d. 逻辑联项

(5) 若“如果某甲掌握了两门外语,那么他精通逻辑”为假,则(　　)为真。

a. 某甲掌握两门外语并且精通逻辑

b. 某甲掌握两门外语但不精通逻辑

c. 某甲没有掌握两门外语但精通逻辑

d. 某甲没有掌握两门外语也不精通逻辑

(6) 设 $p \wedge q$ 真,r 假,下列公式中取值为真的是(　　)。

a. $q \wedge r \leftrightarrow p$　　b. $(\overline{p} \wedge \overline{r}) \vee \overline{q}$

c. $q \vee \overline{r} \rightarrow p$　　d. $(q \rightarrow p) \rightarrow ((p \rightarrow \overline{r}) \rightarrow (\overline{r} \rightarrow \overline{q}))$

解题思路:

首先应弄清各种复合命题的逻辑性质,然后在此基础上,对所列选项进行正确选择,再将其填入空格之中。如题(5),首先要辨明“如果某甲掌握了两门外语,那么他精通逻辑”是一个充分条件假言命题。其次,据题设此命题为假,而一个充分条件假言命题只有在其前件真而后件假时才为假,即可就此对诸选项进行选择,而题设“b”正好与此相符。故填“b”即正确解题。

6. 综合题。

(1) 青年工人小白、小蓝和小黄是中学时的好朋友。一天,他们同时到某高校报名,在报名处相会了。他们之中背黄书包的人说:“真是巧得很!我们三个人的书包一个是黄色的,一个是蓝色的,一个是白色的,但却没有一个人的书包和自己姓氏所表示的颜色相同。”小蓝看了一下,表示赞同地说:“是呀!真是这样的!”

请问,这三位青年工人的书包各是什么颜色?并把你的推导过程简要地写出来。

(2) 某大学生甲,不慎丢失手表,经调查已知下列情况是真实的:

a. 若手表不是在宿舍里丢失的,那么就是在校园或大街上丢失的;

b. 如果出宿舍时看过手表,那么就不是在宿舍丢失的;

c. 出宿舍时看过手表;

d. 若是在校园内丢失的,就有失物招领启事;

e. 没有失物招领启事。

请根据上述情况,推出大学生甲的手表丢失在何处?并请写出推理过程。

(3) 一天晚上,有一家百货商店被人窃去了一批财物。案发后,有关方面经过反复侦察和调查,得知如下事实:

a. 盗窃财物的是甲或乙;

b. 如果甲盗窃了财物,则作案时间不在零点之前;

c. 零点时商店灯光灭了,而此时甲尚未回家;

d. 若乙的证词正确,则作案时间在零点之前;

e. 只有零点时商店灯光未灭,乙的证词才不正确。

试推断盗窃者究竟是谁,并写出推理过程。

(4) 甲、乙、丙、丁四位大学生,他们所学专业各不相同。他们分别学习中文、历史、数学、物理。一日相遇,他们各自表白自己所学专业:

甲:我是学中文的。

乙:我是学历史的。

丙:我是学数学的。

丁:我不是学数学的。

如在此四人的表白中,有三人的表白是正确的,有一个人的表白是错误的。请问:

a. 如果甲的表白为错,那么,他们四人各学的是什么专业?

b. 如果乙的表白为错,那么,他们四人各学的是什么专业?

c. 如果丙的表白为错,那么,他们四人各学的是什么专业?

d. 如果丁的表白为错,那么,他们四人各学的是什么专业?

(注)其中如有无法推出的,请说明理由。

(5) 已知:(a) 若P不与M全异,则S与P全异;

(b) 若S与M全异,则S与P交叉;

(c) S不与P全异,也不与P交叉。

试推出S、M、P三者的外延关系,并用欧勒图表示之。

解题思路:

求解这类题目,首先应弄清题设中所明确提出的或通过各种表述透露出来的、为解题所必须的已知条件,然后再按照这些已知条件,运用各种逻辑知识,首先是推理知识,去推出结论,从而求得问题的解答。以题(1)为例,题目表述中已给出了两个条件:一是“没有一个人的书包和自己姓氏所表示的颜色相同”,由此即可推知:小白的书包只能是黄色或蓝色,小蓝的书包只能是白色或黄色,而小黄的书包只能是白色或蓝色。另一是:小蓝背的书包不可能是黄色的(因背黄色书包的人说的话,小蓝表示了赞同)。按此两个条件,运用选言推理即不难得出结论。请自证。

第六章

复合命题及其推理（下）

Chapter 6

第一节　负命题及其推理

一、负命题

负命题是一种比较特殊的复合命题。我们在日常学习和工作中,当需要对某一命题表示否定和不同意时经常运用负命题。

当一个人对某一个命题表示不同意并提出反对意见时,常常运用两种不同的方式。例如,有人说:“稻子都是水田作物”,而另一个人不同意这个命题,他可以说:“这句话是不对的。”他也可以这样说:“并非所有的稻子都是水田作物。”或者说:“不是所有的稻子都是水田作物。”这些都是对“稻子都是水田作物”的否定。但是,它们的否定方式是不相同的。前者仅是指出“所有稻子都是水田作物”这一命题是不对的,至于实际情况如何并未作出相应的断定。而后者则通过对原命题断定情况进行否定而作出了一个否定原命题的命题。

这种通过对原命题断定情况的否定而作出的命题,就叫做负命题。例如:

并非一切金属都是固体。

并非有的金属不是导体。

这两个命题都是负命题。它们分别是对“一切金属都是固体”和“有的金属不是导体”的断定情况的否定。

可见,负命题与性质命题的否定命题是不同的。性质命题的否定命题是否定事物具有某种性质的命题。而负命题则是否定原命题所断定的情况,是对整个原命题进行否定的命题。因此,性质命题的否定命题(即 SEP 或 SOP)是一个简单命题,而性质命题的负命题则是一个复合命题。如:“稻子都不是旱地作物”,这是一个简单的性质命题的否定命题。而“并非稻子都不是旱地作物”则是一个复合命题,原否定命题“稻子都不是旱地作物”只构成为该负命题(“并非稻子都不是旱地作物”)的肢命题。

负命题的逻辑公式是:如果用 p 表示原命题,那么,负命题即为“并非 p”。如果用符号“ - ”(读为“非”)表示否定的联结词,则 p 命题的负命题为 $\overline{p}$。

由于负命题是对原命题断定情况的否定,是对整个原命题的否定,因此,它和原命题之间(即负命题与其肢命题之间)的真假关系是矛盾关系,即如原命题真,其负命题必假;如原命题假,其负命题必真。这种真假关系,如表 6-1:

表 6－1　负命题的真值表

p	$\overline{p}$
T	F
F	T

二、负命题的种类

任何一个命题都可对其进行否定而得到一个相应的负命题。简单的性质命题的负命题实质上即为对当关系中的相应矛盾命题。如“A”命题的负命题即为“非 A”,它等值于“O”命题;“E”命题的负命题为“非 E”,它等值于“I”命题。这样,我们可以把 A、E、I、O 四种命题的负命题及其等值命题列表如下:

$$\overline{SAP}\leftrightarrow SOP;$$

$$\overline{SEP}\leftrightarrow SIP;$$

$$\overline{SIP}\leftrightarrow SEP;$$

$$\overline{SOP}\leftrightarrow SAP。$$

下面,我们着重说明一下各种复合命题的负命题。

联言命题的负命题。由于联言命题只要其肢命题有一个为假,该命题就是假的。因此,联言命题的负命题是一个相应的选言命题。如:“某某人工作既努力又认真。”这个联言命题的负命题不是“某某人工作既不努力又不认真”这个联言命题,而是“某某人工作或者不努力,或者不认真”这样一个选言命题。如果用公式表示即为:“$p\wedge q$”的负命题是“$\overline{p\wedge q}$”,它等值于“$\overline{p}\vee\overline{q}$”。亦即“$\overline{p\wedge q}$”与“$\overline{p}\vee\overline{q}$”等值。

选言命题的负命题。因为选言命题只要其肢命题中有一个为真,则整个选言命题就是真的,故选言命题的负命题不能是一个相应的选言命题,而必须是一个相应的联言命题。如:“这个学生或者是共产党员,或者是共青团员。”这一选言命题的负命题就不是“这个学生或者不是共产党员,或者不是共青团员”,而只能是“这个学生既不是共产党员,又不是共青团员”这样一个联言命题。如果用公式来表示即为:“$p\vee q$”的负命题为“$\overline{p\vee q}$”,它等值于“$\overline{p}\wedge\overline{q}$”。亦即“$\overline{p\vee q}$”与“$\overline{p}\wedge\overline{q}$”等值。

假言命题的负命题。由于假言命题有三种,因此,也分别各有其相应的负命题。

充分条件假言命题的负命题。由于充分条件假言命题只有当其前件真后件假时,它才是假的,因此,一个充分条件假言命题的负命题,只能是一个相应的联言命题。如:"如果小李身体好,那么小李就会学习好",其负命题则为"小李身体好,但小李学习不好"这样一个联言命题。如果用公式来表示即为:"$p\rightarrow q$"的负命题为"$\overline{p\rightarrow q}$",它等值于"$p\wedge\overline{q}$"。亦即"$\overline{p\rightarrow q}$"与"$p\wedge\overline{q}$"等值。

必要条件假言命题的负命题。由于必要条件假言命题只有当其前件假而后件真时,它才是假的。因此,一个必要条件假言命题的负命题,也只能是一个相应的联言命题。如:"只有一个人骄傲自满,这个人才会落后。"其负命题则为:"一个人不骄傲自满,但这个人却落后了。"如果用公式来表示即为:"$p\leftarrow q$"的负命题为"$\overline{p\leftarrow q}$",它等值于"$\overline{p}\wedge q$"。亦即"$\overline{p\leftarrow q}$"与"$\overline{p}\wedge q$"等值。

充分必要条件假言命题的负命题。由于充分必要条件假言命题其前件既是后件的充分条件,又是后件的必要条件,因而,对于一个充分必要条件的假言命题来说,其负命题既可以是相应的充分条件假言命题的负命题,也可以是相应的必要条件假言命题的负命题。如用公式来表示则为:"$p\leftrightarrow q$"的负命题为"$\overline{p\leftrightarrow q}$",它等值于"$p\wedge\overline{q}$ 或 $\overline{p}\wedge q$",或为"$(p\wedge\overline{q})\vee(p\wedge q)$"。

最后,就负命题自身作为一种较特殊的复合命题来说,当然也有其相应的负命题。如,"并非 p"的负命题,也就是:"并非'并非 p'",即"$\overline{\overline{p}}$"。两个"并非"表示两次否定,而两次否定即意味着肯定,故可以将其消去,因而"并非 p"的负命题等值于"p"。亦即"$\overline{\overline{p}}$"与"p"等值。

三、复合命题负命题的等值命题

从上述关于各种复合命题的负命题的分析中还可看出,通过运用否定联结词("-")而构成负命题的办法,可以由一种复合命题形式转换为(推出)另一种与之等值的命题形式。比如,"$p\wedge q$"的负命题为"$\overline{p\wedge q}$",按合取联结词("$\wedge$")的定义,即为:"$\overline{p}\vee\overline{q}$";而如果对"$\overline{p}\vee\overline{q}$"再进行一次否定,就可得出其负命题为"$\overline{\overline{p}\vee\overline{q}}$",而由于"$\overline{\overline{p}\vee\overline{q}}$"实际上是对"$p\wedge q$"的两次否定(即其负命题的负命题),所以"$p\wedge q$"应当是同"$\overline{\overline{p}\vee\overline{q}}$"真假值相等的,即"$p\wedge q$"$\leftrightarrow$"$\overline{\overline{p}\vee\overline{q}}$"。这一点,我们还可以用真值表的方法予以判定。见表 6-2:

表 6-2 用真值表判定等值关系(1)

p	q	$\overline{p}$	$\overline{q}$	$p\wedge q$	$\overline{p}\vee\overline{q}$	$\overline{\overline{p}\vee\overline{q}}$
T	T	F	F	T	F	T
T	F	F	T	F	T	F
F	T	T	F	F	T	F
F	F	T	T	F	T	F

从上述真值表可见,由于在 p、q 真假值的各种不同组合的条件下,“$p \wedge q$”同“$\overline{\bar{p} \vee \bar{q}}$”的真值总是相同的,我们就可据此判定,两者是互相等值的。

再如,根据充分条件假言命题联结词(“→”)的定义,只有当其前件(p)真而后件(q)假时,“$p \rightarrow q$”才是假的,由此,通过形成其负命题的办法,我们就可从“$p \rightarrow q$”推出“$\overline{p \wedge \bar{q}}$”,即两者真假值是完全相等的。对此,我们也可以用真值表予以判定,如表 6-3 所示:

表 6-3　用真值表判定等值关系(2)

p	q	$\bar{q}$	$p \rightarrow q$	$p \wedge \bar{q}$	$\overline{p \wedge \bar{q}}$
T	T	F	T	F	T
T	F	T	F	T	F
F	T	F	T	F	T
F	F	T	T	F	T

可见,“$p \rightarrow q$”同“$\overline{p \wedge \bar{q}}$”在 p、q 各种真值的不同组合下,它们的真值都是相同的,故两者可判定为是互相等值的,即$(p \rightarrow q) \leftrightarrow (\overline{p \wedge \bar{q}})$。

相反,如果在 p、q 的各种不同的真值组合中,其中有一种组合使得两个公式的真值不同,那么,我们就可判定这两个公式是不等值的。比如:从“$p \rightarrow q$”中,我们推不出“$p \vee \bar{q}$”来,也就是说,“$p \rightarrow q$”同“$p \vee \bar{q}$”是不等值的。这一点,我们也可用真值表予以判定,如表 6-4 所示:

表 6-4　用真值表判定等值关系(3)

p	q	$\bar{q}$	$p \rightarrow q$	$p \vee \bar{q}$
T	T	F	T	T
T	F	T	F	T
F	T	F	T	F
F	F	T	T	T

由于其中的第二、三行(即当 p 真 q 假,或 p 假 q 真时)“$p \rightarrow q$”同“$p \vee \bar{q}$”真值不等(第二行:前者为假,后者为真;第三行:前者为真,后者为假),故可判定两个公式是不等值的。

同样,通过运用这种真值表的方法,我们也就可以判定其他类似的两个公式之间是否具有等值关系。

这样,我们可以把各种复合命题的负命题及其等值命题概括如下:

(1) 并非“p 并且 q”等值于“非 p 或者非 q”,即“$\overline{p \wedge q}$”↔“$\bar{p} \vee \bar{q}$”。

(2) 并非"p 或者 q"等值于"非 p 并且非 q",即:"$\overline{p \vee q}$"↔"$\overline{p} \wedge \overline{q}$"。

(3) 并非"要么 p,要么 q"等值于"p 并且 q"或者"非 p 并且非 q",即:"$\overline{p \dot{\vee} q}$"↔"$(p \wedge q) \vee (\overline{p} \wedge \overline{q})$"。

(4) 并非"如果 p,那么 q"等值于"p 并且非 q",即:"$\overline{p \rightarrow q}$"↔"$p \wedge \overline{q}$"。

(5) 并非"只有 p,才 q"等值于"非 p 并且 q",即:"$\overline{p \leftarrow q}$"↔"$\overline{p} \wedge q$"。

(6) 并非"当且仅当 p,才 q"等值于"p 并且非 q"或者"非 p 并且 q",即"$\overline{p \leftrightarrow q}$"↔"$(p \wedge \overline{q}) \vee (\overline{p} \wedge q)$"。

(7) 并非"非 p"等值于"p",即"$\overline{\overline{p}}$"↔"p"。

四、负命题的等值推理

负命题的等值推理是前提为负命题,结论为该负命题的等值命题的推理。

例如:

并非发亮的东西都是金子;

所以,有的发亮的东西不是金子。

根据前面介绍的七种复合命题的负命题及其等值命题,可以构成以下七种负命题的等值推理形式:

(1) 并非"p 并且 q";

所以,或者非 p,或者非 q。

(2) 并非"p 或者 q";

所以,非 p 并且非 q。

(3) 并非"要么 p,要么 q";

所以,或者"p 并且 q",或者"非 p 并且非 q"。

(4) 并非"如果 p,那么 q";

所以,p 并且非 q。

(5) 并非"只有 p,才 q";

所以,非 p 并且 q。

(6) 并非"当且仅当 p,才 q";

所以,或者"p 并且非 q",或者"非 p 并且 q"。

(7) 并非"非 p";

所以,p。

上述(1)式举例如下:

并非小张既会唱歌,又会跳舞;

所以,小张或者不会唱歌,或者不会跳舞。

其余各式不一一举例,读者可自己举例练习。

第二节　二 难 推 理

有这样一个故事：父亲对他那喜欢到处游说的儿子说：“你不要到处游说。如果你说真话，那么富人恨你；如果你说假话，那么穷人恨你。既然游说只会招致大家恨你，你又何苦为之呢?”在这里，父亲劝儿子就使用了一个二难推理，形式是：

如果你说真话，那么富人恨你；

如果你说假话，那么穷人恨你；

或者你说真话，或者你说假话；

总之，有人恨你。

可见，二难推理是由两个假言前提和一个具有二肢的选言前提联合作为前提而构成的推理。所以，它也称为假言选言推理。

在辩论中人们经常运用这种推理形式。辩论的一方常常提出具有两种可能的大前提，对方不论肯定或否定其中的哪一种可能，结果都会陷入进退两难的境地。二难推理之所以叫做“二难”推理，也就是由于这个缘故。

根据二难推理的结论是简单的直言命题还是复合的选言命题，二难推理有简单式和复杂式之分；根据二难推理结论的得出是运用了充分条件假言推理的肯定式(肯定前件到肯定后件)还是否定式(否定后件到否定前件)，二难推理又有构成式和破坏式之别。以上诸式是互相交叉的，因此，二难推理有以下四种形式：

一、简单构成式

简单构成式是在前提中肯定两个假言命题的不同前件，结论肯定两个假言命题的相同后件。例如，《红楼梦》第六十四回载：贾宝玉从林黛玉的丫环雪雁处得知林黛玉在私室内用瓜果私祭时想：“大约必是七月因为瓜果之节，家家都上秋季的坟，林妹妹有感于心，所以在私室自己奠祭……”怎么办呢？贾宝玉又想：“但我此刻走去，见他伤感，必极力劝解，又怕他烦恼郁结于心；若不去，又恐他过于伤感，无人劝止。两件皆足致疾……”如果我们将贾宝玉的后一段想法稍加简化，取其大意，那么，就可构成如下一个简单构成式的二难推理：

如果我去林妹妹处，足以致疾；如果我不去林妹妹处，也足以致疾。

或者我去林妹妹处，或者我不去林妹妹处，

总之,皆足以致疾。

在这个推理中,两个假言前提有不同的前件,但有相同的后件,因此无论肯定其哪一个前件,总可以推出其相同的后件(结论)。它的推理结构可表述如下:

$$\frac{p \rightarrow q, r \rightarrow q \quad p \vee r}{q}$$

二、简单破坏式

简单破坏式是在前提中否定两个假言命题的不同后件,结论否定两个假言命题的相同前件。例如:

如果你是一个诚实的人,那么你就不能说假话;如果你是一个诚实的人,那么你就不能隐瞒自己的过错。

你或者说假话或者隐瞒自己的过错,

所以,你就不是一个诚实的人。

在这个推理中,两个假言前提有不同的后件,但有相同的前件,因此不论否定哪一个后件,结果总是否定了相同的前件。这个推理结构可表述如下:

$$\frac{p \rightarrow q, p \rightarrow r \quad \bar{q} \vee \bar{r}}{\bar{p}}$$

三、复杂构成式

复杂构成式是在前提中肯定两个不同假言命题的两个不同的前件,结论则肯定两个不同的后件,其结论是选言命题。例如:

如果别人的意见是正确的,那么你就应当接受;如果别人的意见是错误的,那么你就应当反对。

别人的意见或者是正确的或者是错误的,

所以,你或者应当接受或者应当反对。

在这个推理中,两个假言前提有不同的前件和不同的后件。因此肯定这个或那个前件,结论便肯定这个或那个后件。它的推理形式可表述如下:

$$\frac{p \rightarrow r, q \rightarrow s \quad p \vee q}{r \vee s}$$

四、复杂破坏式

复杂破坏式是在前提中否定两个不同假言命题的两个不同的后件，结论则否定两个不同的前件，其结论是选言命题。例如：

如果上帝是全能的，他就能够消除罪恶；如果上帝是全善的，他就愿意消除罪恶。

上帝或者没能消除罪恶，或者不愿消除罪恶，

所以，上帝或者不是全能的，或者不是全善的。

在这个推理中，两个假言前提有不同的前件和不同的后件，因此否定这个或那个后件，结论便否定这个或那个前件，它的推理形式可表述如下：

$$\frac{\begin{array}{c}p\rightarrow q, r\rightarrow s\\ \bar{q}\vee\bar{s}\end{array}}{\bar{p}\vee\bar{r}}$$

上述四式都是二难推理的有效的推理形式。即只要其前提是真实的，那么运用这四式都能得出必然可靠的结论。由于二难推理是一种很有用的推理，是论辩中的一种有力工具，因此人们在实际思维中经常使用它。但是并非人人都能正确地使用这种推理形式，而且诡辩论者也经常利用二难推理进行诡辩，所以对于不正确的二难推理必须加以驳斥。驳斥二难推理的方法主要有两种：①指出其前提的虚假；②指出其推论违反假言推理或选言推理的逻辑规则。

在指出一个二难推理前提虚假时，通常是说明其假言前提不真，或者证明其选言前提不穷尽。使用二难推理常出现的错误就是抓住对自己有利的一面而看不到或故意忽略不利的一面，即所谓“攻其一点，不及其余”。这时如果能构造一个与对方类似的二难推理，不失为一种非常有效的反驳方法。如本节开始那一例，儿子是这样反驳父亲的：“如果我说真话，那么穷人喜欢我；如果我说假话，那么富人喜欢我。我或者说真话，或者说假话，总之都有人喜欢我。”这样，儿子便轻易地跳出了其父为之所设置的两难境地。当然，这同其父所构造的二难推理一样也有其片面性，但这种片面性不过是“以其人之道还治其人之身”，以此更加证明了其父所构造的二难推理的片面性，所以，是可起一定的反驳作用的。

第三节 复合命题的判定方法——真值表方法

前面介绍各种复合命题时,我们都以表格的形式来说明整个命题的逻辑值与其肢命题逻辑值之间的关系。这种用来显示复合命题的真假是如何由其肢命题的真假所决定的表格称为真值表。真值表主要有两方面的作用。

一、判定若干复合命题是否等值或矛盾

对于复合命题来说,其逻辑值只有两个:真或假。

两个复合命题是等值的,当且仅当在任何相同的情况下(包含相同的肢命题并且这些肢命题同真同假),它们都同真同假。

两个复合命题是矛盾的,当且仅当在任何相同的情况下,它们的真假值相反:一为真则另一为假;一为假则另一为真。

在画复合命题的真值表时,一般先把整个命题由复杂到简单进行分解,直到分解出最简单、不可再分的肢命题为止。然后对(这些)肢命题进行真假赋值并加以组合(这种组合应是穷尽的,不要漏掉可能的情况),接着根据复合命题的定义及性质,由简单到复杂地"算出"该复合命题所包含的所有肢命题的真假值,直至算出整个复合命题的真假值为止。比如我们要判定"p→q"、"¬p∨q"和"p∧¬q"[①]这三个复合命题形式中是否有互相等值的或互相矛盾的公式,就可按上述步骤列表,如表 6-5 所示:

表 6-5 用真值表判定等值或矛盾关系(1)

p	q	¬p	¬q	p→q	¬p∨q	p∧¬q
T	T	F	F	T	T	F
T	F	F	T	F	F	T
F	T	T	F	T	T	F
F	F	T	T	T	T	F

由表可看出,"p→q"与"¬p∨q"在 p 和 q 的相同真假组合中是同真同假的,所以

① 为了真值表判定方法操作方便,这里用否定词符号"¬"代替"-"否定词符号。书写时,把"¬"放在原命题的左边,例如:"$\bar{p}$"写为:"¬p";"$(\overline{\bar{p}\vee\bar{q}})$"写为"¬(¬p∨¬q)",等等。

二者等值。而这两个公式与“p∧¬q”的真假值却都不相同，所以它们都与后者相矛盾。

表 6－6 显示出联言命题的否定是一个相应的选言命题，相容选言命题的否定是一个相应的联言命题。

表 6－6　用真值表判定等值或矛盾关系(2)

p	q	¬p	¬q	p∧q	p∨q	¬(p∧q)	¬(p∨q)	¬p∨¬q	¬p∧¬q
T	T	F	F	T	T	F	F	F	F
T	F	F	T	F	T	T	F	T	F
F	T	T	F	F	T	T	F	T	F
F	F	T	T	F	F	T	T	T	T

二、判定复合命题形式是否为重言式

重言式是指这样一类复合命题形式：不管其肢命题的真假情况如何，整个复合命题总是真的。重言式也称为永真式。拿“p∨¬p”来说，如果 p 为真，则¬p 为假，由于其中有一个选言肢为真，所以“p∨¬p”这个选言命题为真；如果 p 为假，那么¬p 为真，由于其中有一个选言肢为真，该选言命题还是为真。故“p∨¬p”在肢命题的一切真值组合下均为真，属重言式。

使用真值表可以很容易地判定某复合命题形式是否为重言式。通常有两种方法。

(一) 普通真值表方法

这种方法是，先按前面介绍过的步骤画出复合命题的真值表，然后考察整个复合命题的真值情况：如果全部为真，则该复合命题为重言式；只要有一个为假，该复合命题就不是重言式。如我们要判定“[(p→q)∧p]→q”是否为重言式，就先画出其真值表，如表 6－7 所示：

表 6－7　“[(p→q)∧p]→q”的真值表

p	q	p→q	(p→q)∧p	[(p→q)∧p]→q
T	T	T	T	T
T	F	F	F	T
F	T	T	F	T
F	F	T	F	T

该表显示,不管肢命题 p 和 q 的真假情况如何,“[(p→q)∧p]→q”都是真的。可见,表示充分条件假言推理肯定前件式的公式是一个重言式。

表 6-8 列出的是表达相容选言推理肯定否定式的公式的真值表:

表 6-8 “[(p∨q)∧p]→¬q”的真值表

p	q	p∨q	¬q	(p∨q)∧p	[(p∨q)∧p]→¬q
T	T	T	F	T	F
T	F	T	T	T	T
F	T	T	F	F	T
F	F	F	T	F	T

从上表的第一行可以看出,当 p 与 q 同为真时,整个公式“[(p∨q)∧p]→¬q”为假。所以,表达相容选言推理肯定否定式推理形式的公式不是重言式。

(二) 简化真值表方法——归谬赋值法

归谬赋值法是以普通真值表方法为基础而设计的判定复合命题真值的方法,主要用于判定蕴涵式以及可转化为蕴涵式的合取及析取式是否为重言式。基本思想是:要判定一个蕴涵式(A→B)是否为重言式,首先假设它不是重言式,即假定其是前件真而后件假的,然后再按此对其各复合命题的肢命题(变项)赋值(赋予真值或假值)。如果赋值后发现该蕴涵式前件真而后件假会导致逻辑矛盾(如某一肢命题会出现既真又假的情况),那就表明假设该公式前件真而后件假是不可能的,亦即说明我们假设该公式不为重言式是不能成立的,这就证明了该公式只能是重言式。如果没有发现赋值矛盾,那就说明该公式前件真而后件假是可能的,亦即表明假设其不为重言式是成立的,也就证明了该公式不是重言式。

下面列出的是应用归谬赋值法对命题公式“[(p→q)∧¬q]→¬p”所作的判定:

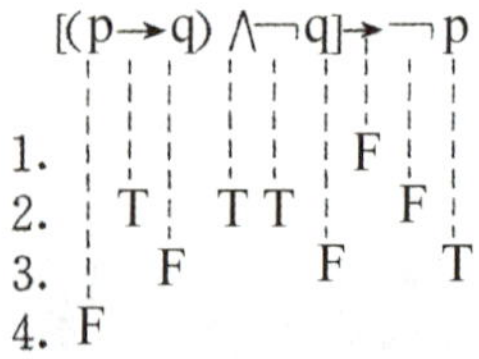

```
    [(p→q) ∧¬q]→ ¬p
1.                F
2.     T    T T     F
3.       F    F      T
4.   F
```

p 在公式中既真又假,所以假设该公式为假不能成立,该公式为重言式。

由本例可见归谬赋值法的主要步骤是:

步骤 1:我们先假设整个蕴涵式为假;

步骤 2:根据蕴涵式的逻辑特征得出该蕴涵式前件真后件假。由于前件是一个合取式，整个合取式为真，意味着其肢命题 $p \to q$ 和 $\neg q$ 都为真，而其后件 $\neg p$ 则为假；

步骤 3：由后件 $\neg p$ 为假推知 p 为真，由 $\neg q$ 为真推知 q 为假，并对公式中所有的 q 赋以假值；

步骤 4：根据 $p \to q$ 为真且后件 q 为假推知其前件 p 也只能为假。这样，我们就必须使得在同一个命题公式中，同一个命题变项既真又假而出现矛盾。由此证明该公式不可能为假，该公式为重言式。

在我们熟练掌握了归谬赋值法后，不必每次都以纵写的形式把每一步骤完全表现出来。我们可以在一行内把对每一肢命题以及整个公式的赋值表现出来。要注意的是所赋之值应与被赋值的符号**对齐**。

下面是用此法对相容选言推理肯定否定式的判定。

$$
\begin{array}{l}(p \vee q) \wedge p \to \neg q \\ \text{TTT T TF F T}\end{array}
$$

很显然，假设以上公式为假，不会发生赋值矛盾，故该式不是重言式。具有这种形式的推理是错误的。

最后再来看用此法对一个更为复杂的公式的判定。

$$
\begin{array}{l}(p \to q) \wedge (q \to r) \wedge \neg r \to \neg p \\ \text{TTT}\quad\ \text{TTT}\quad\ \text{TFF FT}\end{array}
$$

可以看出，如果我们假设该公式为假，那么就必须使 r 既真又假(如果我们使 r 的真假一致，就必须使 p 或者 q 既真又假)，这是不可满足的。所以该公式不可能为假，是一个重言式。生活中我们经常使用这种形式的推理。如：“要想成绩好，就必须掌握正确的学习方法；要掌握正确的学习方法，借鉴成功者的经验是十分必要的；某学员拒绝借鉴成功者的经验，所以，他要取得好成绩是不大可能的。”就是一例。具有这种形式的推理又称为假言三段论。

练习题

1. 填空题。

(1) 与“并非做坏事而不受惩罚”这个命题等值的充分条件假言命题是＿＿＿＿＿＿＿＿＿＿＿＿＿＿＿＿＿＿。

(2) “只有通过考试，才能录取”转换为等值的充分条件的假言命题是＿＿＿＿＿＿＿＿＿＿

________;转换为等值的联言命题的负命题是________________________。

(3) 若 $\overline{p}\rightarrow\overline{q}$ 为假,则 p 的值为________,q 的值为________。

(4) 由 $p\vee\overline{q}$ 为假,可知 p 的值为________,q 的值为________。

(5) 当“$\overline{p}\vee\overline{q}$”与“p”均取值为真时,则 q 取值为________。

(6) “并非小王既是大学生又是运动员”等值于选言命题________________________,也等值于充分条件假言命题________________________。

(7) 由“$p\wedge q$”真能推出“$p\vee q$”________,由“$p\vee\overline{q}$”假能推出“$\overline{p}\wedge q$”________。

(8) 以“或者你来或者他去,但不能你来他又去;你来”为前提,能必然推出的结论是________。

(9) 以“$(p\wedge q)\rightarrow r$”和“$\overline{r}$”为前提进行充分条件假言推理,可必然得出结论________。

解题思路:

本题主要涉及各复合命题与其肢命题之间的真值关系和各复合命题的负命题及其等值命题,因此,为了正确解题必须把上述两方面的问题搞清楚。如题(1),“并非做坏事而不受惩罚”这是“做坏事而不受惩罚”这一联言命题的负命题,而一个联言命题的负命题,即是断定该联言命题为假的命题。由于一个联言命题只要其肢命题中有一个是假的,该联言命题即为假,即或者是“做坏事”为假,或者是“不受惩罚”为假,“做坏事而不受惩罚”这一联言命题就为假。据此,就可将这一选言命题作为前提,构成一个选言推理:否定“做坏事为假”是假的(即否定其中一肢),就必须肯定“不受惩罚为假”是真的(对于无论是不相容的或相容的选言推理来说,否定一肢就肯定另一肢,都是符合其规则的)。而否定“做坏事为假”,实则“做坏事”为真;肯定“不受惩罚为假”,实则“要受惩罚”。于是“并非做坏事不受惩罚”就等值于:“如果做坏事,就要受惩罚”这一充分条件假言命题。当然,也可通过否定“不受惩罚为假”(即“不受惩罚”),而肯定“做坏事为假”(即“不做坏事”),于是“并非做坏事不受惩罚”就等值于“如果不做坏事,就不会受惩罚”这一充分条件假言命题。这两个充分条件假言命题,都可填入空格(当然也可任择其一)。

2. 单项选择题。

(1) 如果一个由两个选言肢组成的不相容的选言命题是真的,那么它的两个选言肢(　　)。

a. 可同真可同假　　b. 可同真不可同假

c. 不可同真可同假　　d. 不可同真不可同假

(2) 以下命题形式中,与 $p\rightarrow q$ 具有等值关系的是(　　)。

a. $p\wedge q$　　b. $\overline{p}\wedge q$　　c. $p\vee q$　　d. $\overline{p}\vee q$

(3) “张云不是钢铁工人,又不是石油工人”与“如果张云是钢铁工人,那么张云不是石油工人”这两个命题在真假值方面(　　)。

a. 可同真并可同假　　b. 可同真但不可同假

c. 不可同真但可同假　　d. 不可同真并不可同假

(4) 下列命题形式中,与 $p \vee q$ 相矛盾的是(　　)。

a. $\overline{p} \vee \overline{q}$　　b. $\overline{p} \rightarrow q$　　c. $\overline{p} \wedge \overline{q}$　　d. $p \leftarrow q$

(5) 以“非 C 或非 D;如果 A,则 C;如果 B,则 D”为前提,可必然推得结论(　　)。

a. A 或 B　　b. 非 A 且非 B　　c. A 且 B　　d. 非 A 或非 B

解题思路:

求解本题,必须首先弄清各复合命题与其肢命题之间的真假关系,以及各复合命题的负命题及其等值命题。如题(4),要求在备选的四个命题公式中,选出一个与“$p \vee q$”是相矛盾的,亦即“$p \vee q$”的负命题。而“$p \vee q$”的负命题等值于“$\overline{p} \wedge \overline{q}$”,故填空为“c”即可。

3. 双项选择题。

(1) 下列诸种关系中,既具有对称性质又具有非传递性质的是(　　)与(　　)。

a. 命题间的蕴涵关系　　b. 命题间的等值关系

c. 概念间的同一关系　　d. 概念间的交叉关系

e. 概念间的全异关系

(2) 下列五种命题形式中,与“非 p 并且非 q”等值的命题形式是(　　)、(　　)。

a. 并非(p 或者 q)　　b. 并非(p 并且 q)

c. p 或者非 q　　d. 并非(如果非 p,那么 q)

e. 非 p 或者 q

(3) 设 A 表示“$p \wedge \overline{q}$”,B 表示“$p \vee q$”,则可断定(　　)和(　　)。

a. A 蕴涵 B　　b. A 不蕴涵 B

c. B 蕴涵 A　　d. B 不蕴涵 A

e. A 与 B 等值

(4) 以 p 为一前提,应增补(　　)或(　　)为另一前提,可必然推出结论 $\overline{q}$。

a. $p \leftarrow \overline{q}$　　b. $q \rightarrow \overline{p}$

c. $p \vee q$　　d. $p \leftrightarrow q$

e. $p \dot{\vee} q$

(5) 下述推理形式中,非有效式是(　　)和(　　)。

a. $(p \rightarrow q) \wedge p \rightarrow q$　　b. $(p \rightarrow q) \wedge q \rightarrow p$

c. $(\overline{p} \rightarrow \overline{q}) \wedge p \rightarrow q$　　d. $(\overline{p} \rightarrow \overline{q}) \wedge q \rightarrow p$

e. $(p \leftarrow q) \wedge \overline{p} \rightarrow \overline{q}$

解题思路:

本题除了要弄清概念在外延间的各种关系外,更要弄清各种复合命题的负命题及其等值命题。以题(2)为例,它要求在其列出的五个选项中,正确选择出两个与“非 p 并且非 q”等值的命题形式。对此,只要能找出与“非 p 并且非 q”的负命题等值的命题,再加以否定而形成的命题,就可作为其正确选项。这样的两个选项即"a"与"d"。就"a"而言,"p 或者 q"是与"非 p 并且非 q"的负命题等值的命题,若对其加以否定,即用"并非"来对其加以否定:"并非(p 或者 q)"自然就同"非 p 并且非 q"等值了。据此,"d"也是正确选项,请予自证。

4. 多项选择题。

(1) 当 $p\rightarrow\overline{q}$ 取值为假时,下列形式中取值为真的是(　　)。

a. $p\rightarrow q$　　b. $p\leftarrow q$　　c. $p\wedge q$　　d. $p\vee q$　　e. $p\leftrightarrow q$

(2) 当"$p\rightarrow q$"、"$q\rightarrow p$"与"$\overline{p}\vee\overline{q}$"三公式均真时,下列公式中取值为真的是(　　)。

a. $p\rightarrow\overline{q}$　　b. $\overline{p}\rightarrow q$　　c. $q\rightarrow\overline{p}$　　d. $p\leftrightarrow q$　　e. $\overline{p}\wedge\overline{q}$

(3) 以 $r\leftarrow(p\vee q)$ 为一前提,若再增加(　　)为另一前提,可有效地推得 r。

a. p　　b. q　　c. $\overline{p}$　　d. $\overline{q}$　　e. $p\vee q$

(4) 以 $\overline{p}$ 为前提进行有效推理,若想得到 $\overline{q}$ 这一结论,可增加的另一前提有(　　)。

a. $p\rightarrow\overline{q}$　　b. $q\rightarrow p$　　c. $p\vee\overline{q}$　　d. $q\leftrightarrow p$　　e. $p\rightarrow q$

解题思路:

本题所涉及的问题,主要涉及各种复合命题的等值命题。为此,只有正确理解和运用各种复合命题的等值命题,才有可能正确答疑本题所列各个问题。以题(1)为例,本题设定当 $p\rightarrow\overline{q}$ 取值为假时,判明下列选项中哪些形式取值为真。为此,首先应推出 $p\rightarrow\overline{q}$ 假时的形式为 $p\wedge q$(一蕴涵式只有当其前件真而后件假时才是假的,后件 $\overline{q}$ 为假,即为 q)。按此,不仅 $p\wedge q$ 为真,其余四个选项在 p 和 q 同真时,它们也都为真,因此,本题所列五个选项皆为正确选项。

5. 真值表解题。

(1) 列出真值表,判定下列各组命题形式在逻辑上是否等值。

a. { p 并且 q
　 p 或者 q

b. { 非 p 或者 q
　 如果 p,那么 q

c. { 如果 p,那么 q
　 只有非 p,才非 q

d. { 如果 p,那么 q
　 如果非 q,那么非 p

(2) 列出下列 A、B 两个命题形式的真值表,并据表回答 A 是否是 B 的充分条件。

A: $p\rightarrow q$　　　　B: $p\leftrightarrow q$

(3) 请用真值表方法解答:当 $p\rightarrow q$ 与 $p\leftrightarrow\overline{q}$ 均真时,$p\wedge q$ 与 $p\vee q$ 的真假情况。

(4) 请列出下列 A、B、C 三命题的真值表,并回答:A、B、C 均真时,甲是否去北京?乙是否去北京?

A:只有甲去北京,乙才去北京;

B:如果甲去北京,那么乙也去北京;

C:甲不去北京或乙不去北京。

(5) 列出 A、B、C 三命题的真值表,并回答:当 A、B、C 中恰有两假时,能否断定所有人家有电脑？能否断定乙村有些人家没有电脑？

A：只有甲村有些人家没有电脑，乙村所有人家才有电脑；

B：甲村所有人家有电脑并且乙村所有人家有电脑；

C：或者甲村所有人家有电脑或者乙村所有人家有电脑。

(6) 甲、乙、丙三位领导发表了下列意见。请用真值表解答：是否有一方案可同时满足甲、乙、丙的意见。

甲：如果小张去黄山，那么小刘也去黄山；

乙：只有小张去黄山，小刘才去黄山；

丙：或者小张去黄山，或者小刘去黄山。

(7) 请用简化真值表判定下列各式是否重言式。

a. $(p \vee q) \rightarrow p$

b. $(p \wedge \overline{p}) \rightarrow (p \vee \overline{p})$

c. $(p \wedge q) \rightarrow (\overline{p} \vee q)$

解题思路：

求解此类问题的关键，是要弄清如何正确画出真值表的步骤和方法，然后，再按真值表对题目要求作出判定。如题(3)，要求在 $p \rightarrow q$ 与 $p \leftrightarrow \overline{q}$ 均真时，回答 $p \wedge q$ 与 $p \vee q$ 的真假情况，按此可列真值表如下：

p	q	$\overline{q}$	$p \rightarrow q$	$p \leftrightarrow \overline{q}$	$p \wedge q$	$p \vee q$
+	+	−	+	−	+	+
+	−	+	−	+	−	+
−	+	−	+	+	−	+
−	−	+	+	−	−	−

由此真值表可见，当 $p \rightarrow q$ 和 $p \leftrightarrow \overline{q}$ 均真时 $p \wedge q$ 为假，$p \vee q$ 为真。(见表中第三行)

再如题(6)。首先应将甲、乙、丙三位领导的意见，化为符号公式。如以 p 表示“小张去黄山”，以 q 表示“小刘去黄山”。甲、乙、丙三人的意见即可用公式表示为：甲：$p \rightarrow q$，乙：$p \leftarrow q$，丙：$p \vee q$。按此可画如下真值表：

p	q	$p \rightarrow q$	$p \leftarrow q$	$p \vee q$
+	+	+	+	+
+	−	−	+	+
−	+	+	−	+
−	−	+	+	−

上述真值表表明，只有 p 真、q 也真的时候，$p\rightarrow q$、$p\leftarrow q$、$p\vee q$ 三者皆为真(见表中的第一行)，亦即只有小张和小刘都去黄山，才能同时满足甲、乙、丙的意见。

6. 综合题。

(1) 小张、小李、小方三人分别在宿舍读报、做习题和写家信，已知下面两个条件：

a. 如果小张不在做习题，那么小方就在写家信；

b. 小方不在写家信。

请问：小张、小李、小方各在干什么？请写出推理过程。

(2) 已知下列 a、b、c 三条件：

a. 如果甲和乙通过外语四级考试，则丙没有通过外语四级考试；

b. 有人说“丙没有通过外语四级考试或者丁没有通过外语六级考试”，事实并非如此；

c. 如果丁通过外语六级考试，那么甲通过外语四级考试。

问：甲、乙和丙各有没有通过外语四级考试？请写出推理过程。

(3) 已知：a. A 真包含于 B；

b. 有 C 不是 B；

c. 若 C 不真包含 A，则 C 真包含于 A。

问：A 与 C 具有什么关系？请写出推理过程，并用欧勒图将 A、B、C 三概念在外延上可能有的关系表示出来。

(4) 有元曲一首：“欲寄君衣君不还，不寄君衣君又寒。寄与不寄间，妾身千万难。”(元人姚燧《凭栏人》)

问：本曲蕴含了何种复合命题的推理？请将该推理用公式表示出来。

解题思路：

回答这类问题应当综合运用各种逻辑知识，首先是有关推理的知识。如题(1)，可首先将 a、b 所提供的已知条件用符号公式加以表示。如用 p 表示“小张在做习题”，用 q 表示“小方在写家信”。按此，上述两个已知条件即可表示为：a. $\overline{p}\rightarrow q$，b. $\overline{q}$。这样，可明显看出，a、b 可构成一个充分条件假言推理的否定后件式：

$$\begin{array}{l}\overline{p}\rightarrow q\\ \overline{q}\\ \hline \overline{\overline{p}}(=p)\end{array}$$

由此可知：小张在做习题(p)，小方不在写家信($\overline{q}$)而且也不在做习题。运用选言推理的否定肯定式，可推出小方只能是“在宿舍读报”。再用选言推理的否定肯定式，小李就只能在“写家信”了。

第七章

模态命题及其推理

Chapter 7

第一节 模 态 命 题

一、什么是模态命题

从广义上说,模态命题是指一切包含有模态词(如“必然”、“可能”、“应当”、“禁止”、“允许”等)的命题。本书主要介绍两种模态命题:一种是包含有“必然”、“可能”模态词的命题,通称为真值模态命题,人们通常狭义地简称之为“模态命题”;一种是包含有“应当”、“禁止”、“允许”模态词的命题,通称为规范模态命题,简称规范命题。

我们先考察含有“必然”和“可能”这两种模态词的命题,即真值模态命题(以下简称“模态命题”)。我们可以把它简单地定义为:模态命题是反映事物必然性或可能性的命题。例如:

共产主义必然胜利。

社会主义可能首先在一个国家取得胜利。

这些都是模态命题。前者反映了共产主义胜利的必然性;后者反映了社会主义在一国首先取得胜利的可能性。反映事物必然性情况的命题称之为必然命题;反映事物可能性情况的命题称之为可能命题。

人们使用模态命题,一般是出于这样两种情况:一种情况是用模态命题(必然,可能)来反映事物本身确实存在的某种必然性或可能性,如前两例。另一种情况是我们对事物是否确实存在某种情况,一时还不十分清楚、确定,因而只好用可能命题来表示自己对事物情况断定的不确定的性质。例如:“其他天体上可能有生物。”“张同志可能是复员军人。”等等。这两个命题都表示出人们对一时还不很了解的事物情况所作的一种推断。

在模态命题中,“可能”、“必然”这两种模态词的出现常常有两种情况。一种情况是:主项是一个命题,而谓项是一个模态词。如:

超额完成任务是可能的。

马克思主义战胜教条主义是必然的。

另一种情况是:主项是一个概念,而模态词是谓项中的一部分。如:

这部作品是可能畅销的。

正义事业是必然要胜利的。

二、模态命题的种类及模态命题之间的关系

按模态命题是反映事物的可能性还是必然性的命题，模态命题可分为可能命题和必然命题。而可能命题和必然命题都既有肯定的，也有否定的。因而，模态命题主要有如下四种：

1. 可能肯定命题，是反映事物情况可能存在的命题。如：

今天可能下雨。

3x 大于 5x 是可能的。

公式是："S 可能是 P"或"S 是 P 是可能的"。也可简化为："可能 p"（"p"在此表示命题，后同），或"◇p"（我们用"◇"表示"可能"模态词，后同）。

2. 可能否定命题，是反映事物情况可能不存在的命题。如：

今天可能不下雨。

5x 可能不大于 3x。

公式是："S 可能不是 P"。也可简化为："可能 $\bar{p}$"，或"◇$\bar{p}$"。

3. 必然肯定命题，是反映事物情况必然存在的命题。如：

新的社会制度必然要胜利。

生物的新陈代谢是必然的。

公式是："S 必然是 P"或"S 是 P 是必然的"。也可简化为："必然 p"，或"□p"（我们用"□"表示"必然"模态词，下同）。

4. 必然否定命题，是反映事物情况必然不存在的命题。如：

客观规律必然不以人的意志为转移。

反动势力必然不会自动退出历史舞台。

公式是："S 必然不是 P"。也可简化为："必然 $\bar{p}$"，或"□$\bar{p}$"。

上述四种模态命题之间，也存在着一种相互制约的真假关系。这种关系与性质命题的逻辑方阵中所表示的对当关系是完全一致的。因此，我们也可以用以下方阵图来加以表示（图 7-1）。

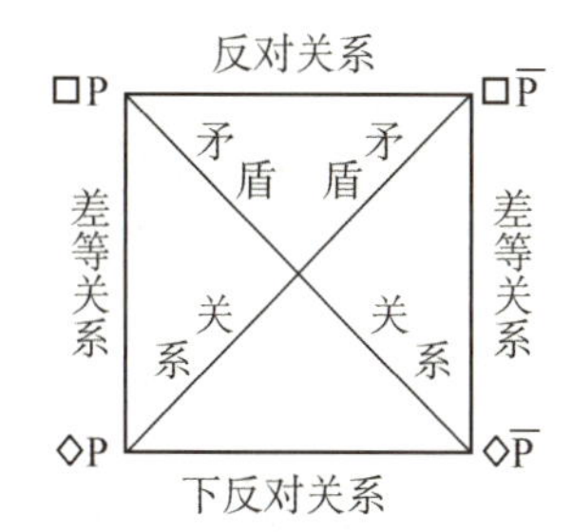

图 7-1　模态命题逻辑方阵

按此,在实际思维过程中,我们就可以根据它们之间的这种真假关系,去正确地运用它们。比如,必然的否定命题与可能的肯定命题之间,刚好是逻辑上的一种矛盾关系,即两者不能同真,也不能同假。如:“火星上必然没有生物”与“火星上可能有生物”;“事物可能是静止的”与“事物必然不是静止的”就具有这种矛盾关系。这就是说,要反驳和否定一个必然命题,我们只要用可能命题就够了。如果用对立的必然命题,有时反而无力。因为两个对立的必然命题之间只是反对关系而不是矛盾关系(如:“火星上必然没有生物”,用“火星上必然有生物”来反驳反而无力,因为后者的断定也无充分根据,也可能是错的);而要反驳和否定一个可能命题,也不能用对立的可能命题(因“可能是……”与“可能不是……”可以并存,不矛盾),而应当运用与之矛盾的必然命题。

第二节　模 态 推 理

一、什么是模态推理

模态推理是由模态命题构成的一种演绎推理，它是根据模态命题的性质及其相互间的逻辑关系进行推演的。例如：

（1）骄兵必败，

所以，骄兵不可能不败。

（2）我昨天的意见可能是不正确的，

所以，我昨天的意见不一定都是正确的。

这两个都是模态推理，它们的前提和结论都是模态命题，都是根据“必然”、“可能”这两种命题间的逻辑关系进行推理的。

模态推理种类繁多，既有由简单模态命题构成的推理，又有由复合模态命题构成的推理；不仅有直接的模态推理，也有间接的模态推理等。本节只简要地考察其中比较简单的、常用的几种模态推理。

二、根据模态逻辑方阵进行推演的模态推理

前面，我们已经介绍过四种模态命题之间的对当关系，并用逻辑方阵图表示出来。根据四种模态命题之间的逻辑关系（真假关系），便可构成一系列简单的模态命题的直接推理。

（一）根据模态命题矛盾关系的直接推理

根据模态命题必然 p 与可能非 p、必然非 p 与可能 p 之间的矛盾关系而进行的直接推理，有以下八种有效的推理形式：

（1）必然 p，推出并非可能非 p（$\Box p \to \overline{\Diamond \overline{p}}$）；

（2）并非必然 p，推出可能非 p（$\overline{\Box p} \to \Diamond \overline{p}$）；

（3）可能非 p，推出并非必然 p（$\Diamond \overline{p} \to \overline{\Box p}$）；

（4）并非可能非 p，推出必然 p（$\overline{\Diamond \overline{p}} \to \Box p$）；

（5）必然非 p，推出并非可能 p（$\Box \overline{p} \to \overline{\Diamond p}$）；

（6）并非必然非 p，推出可能 p（$\overline{\Box \overline{p}} \to \Diamond p$）；

(7) 可能 p,推出并非必然非 p($\Diamond p \rightarrow \overline{\Box \overline{p}}$);

(8) 并非可能 p,推出必然非 p($\overline{\Diamond p} \rightarrow \Box \overline{p}$)。

上述(1)式,可举例如下:

正义必然战胜邪恶,所以,并非正义可能不战胜邪恶(即:正义不可能不战胜邪恶)。

上述(3)式,可举例如下:

火星上可能没有生物,所以,并非火星上必然有生物(即:火星上不必然有生物)。

其余各式不一一举例了。

(二) 根据模态命题反对关系的直接推理

根据模态命题必然 p 与必然非 p 之间的反对关系进行的直接推理,有以下两种有效的推理形式。

(1) 必然 p,推出并非必然非 p($\Box p \rightarrow \overline{\Box \overline{p}}$)。例如:

蔑视辩证法是必然要受到惩罚的,所以,蔑视辩证法并非是必然不受到惩罚的。

(2) 必然非 p,推出并非必然 p($\Box \overline{p} \rightarrow \overline{\Box p}$)。例如:

谎言必然是不能持久的,所以,谎言并非必然是能持久的。

(三) 根据模态命题下反对关系的直接推理

根据模态命题可能 p 与可能非 p 之间的下反对关系进行的直接推理,有以下两种有效的推理形式。

(1) 并非可能 p,推出可能非 p($\overline{\Diamond p} \rightarrow \Diamond \overline{p}$)。例如:

某君不可能吸烟,所以,某君可能不吸烟。

(2) 并非可能非 p,推出可能 p($\overline{\Diamond \overline{p}} \rightarrow \Diamond p$)。例如:

小王不可能不会游泳,所以,小王可能会游泳。

(四) 根据模态命题差等关系的直接推理

根据模态命题必然 p 与可能 p、必然非 p 与可能非 p 之间的差等关系进行的直接推理,有以下四种有效的推理形式:

(1) 必然 p,推出可能 p($\Box p \rightarrow \Diamond p$);

(2) 并非可能 p,推出并非必然 p($\overline{\Diamond p} \rightarrow \overline{\Box p}$);

(3) 必然非 p,推出可能非 p($\Box \overline{p} \rightarrow \Diamond \overline{p}$);

(4) 并非可能非 p,推出并非必然非 p($\overline{\Diamond \overline{p}} \rightarrow \overline{\Box \overline{p}}$)。

上述(1)(2)两式举例如下：

甲队必然得冠军，所以，甲队可能得冠军。

乙队不可能得冠军，所以，乙队不必然得冠军。

其余两式，请读者自行举例。

三、模态三段论

在模态逻辑中，模态三段论是最早为人们所讨论的一种演绎推理形式。先看下面两个模态三段论的实例：

(1) 所有的大科学家必然都具有求实精神；
李四光是大科学家；
所以，李四光必然具有求实精神。

(2) 灵长目动物必然有发达的大脑；
这个小动物可能是灵长目动物；
所以，这个小动物可能有发达的大脑。

上面两个三段论，在形式上都与直言三段论第一格 AAA 式相似，只是在前提和结论中引入了“必然”、“可能”等模态词而已。因此，所谓模态三段论就是在三段论系统中引入模态词而构成的三段论。

按照模态三段论两个前提中模态词的不同结合情况，模态三段论可以分为以下五种：两个前提都是必然命题；一个前提是必然命题而另一个前提是可能命题；一个前提是必然命题而另一个前提是直言命题；一个前提是可能命题而另一个前提是直言命题；两个前提都是可能命题。下面，我们简单地介绍几种常见的模态三段论式：

1. 必然模态三段论。即在三段论中的大、小前提和结论中都引入“必然”模态词所构成的三段论。以三段论第一格 AAA 式为例，它的推理形式是：

所有的 M 必然是 P；
所有的 S 必然是 M；
所以，所有的 S 必然是 P。

例如：

凡客观规律必然是不以人们的主观意志为转移的；
凡经济规律必然是客观规律；
所以，凡经济规律必然是不以人们的主观意志为转移的。

2. 必然和可能两种模态命题结合构成的三段论。即一个前提是必然命题而另一个前提是可能命题构成的模态三段论。这种模态三段论式比较复杂，我们只举三段论第二格 AEE 式为例，它的推理形式是：

凡P必然是M;
凡S可能不是M;
所以,凡S可能不是P。

例如:

凡游泳运动员必然都会游泳;
某君可能不会游泳;
所以,某君可能不是游泳运动员。

3. 必然命题和直言命题结合构成的三段论。即一个前提是必然命题而另一个前提是直言命题构成的模态三段论。它的推理形式是:

凡M必然不是P;
凡S是M;
所以,凡S必然不是P。

例如:

凡唯心主义者必然不是马克思主义者;
凡有神论者都是唯心主义者;
所以,凡有神论者必然不是马克思主义者。

4. 可能命题与直言命题结合构成的模态三段论。即一个前提是可能命题而另一个前提是直言命题构成的模态三段论。它的推理形式如:

凡M可能是P;
凡S是M;
所以,凡S可能是P。

例如:

任何人都可能会犯错误的;
诸葛亮也是人;
所以,诸葛亮也可能会犯错误的。

5. 可能模态三段论。即大、小前提及结论都引入可能模态词所构成的模态三段论。以三段论第一格AAA式为例,它的推理形式为:

凡M可能是P;
凡S可能是M;
所以,凡S可能是P。

例如:

凡学习成绩优良者都可能获得奖学金;
小王可能是学习成绩优良者;
所以,小王可能获得奖学金。

第三节　规 范 命 题

一、什么是规范命题

在本章第一节模态命题中，我们简要介绍了狭义的模态命题，即可能命题与必然命题，这是一类涉及一个陈述是真或假的模态命题。现在，我们再补充介绍广义模态命题中的一种：规范命题，这是一类含有“必须”（或“应当”）、“允许”、“禁止”这类涉及人的行为规范的模态词（现代逻辑文献称之为规范模态词）的模态命题，它是在一定情况下，给人（即规范的承受者）的如何行动提出某种命令或规定的命题。例如：

一切学校必须推广使用普通话。

允许学生参加或不参加英语竞赛。

这些都是规范命题。前者表示，一切学校（规范承受者）推广使用普通话这一行为是必须的。后者表示，学生参加或不参加英语竞赛都是允许的，即既可以参加英语竞赛，也可以不参加英语竞赛，对此，学校并不作出任何硬性规定。

规范命题可以是简单命题，如前一例；也可以是复合命题，如后一例。因为，其中“学生参加或不参加英语竞赛”可以视为乃是具有两个选言肢的选言命题。这也就是说，通过运用各种逻辑联结词：“—”（否定）、“∧”（合取）、“∨”（析取）、“→”（蕴涵）等，我们可以把某些简单的规范命题结合成各种复合的规范命题。考虑到正如一切复合命题归根到底都是以简单命题为其基础一样，复合的规范命题也是以简单的规范命题为其基础的，在本书中，我们仅分析简单的规范命题。

二、规范命题的主要种类

在现代规范逻辑中，作为逻辑常项的规范模态词（或简称规范词）通常有三个。

“必须”（常用大写英文字母“O”表示）。现代汉语中可用来表示这一规范词的还有“应当”、“应该”、“有义务”，等等。

“禁止”（常用大写英文字母“F”表示）。现代汉语中可用来表示这一规范词的还有“不得”、“不准”，等等。

“允许”（常用大写英文字母“P”表示）。现代汉语中可用来表示这一规范词的还有"可以"、"准予",等等。

按此,规范命题也可相应分为三种:表示某一行为属必须的规范命题、表示某一行为属禁止的规范命题和表示某一行为属允许的规范命题。而这三种规范命题又都可以或是肯定的(这里的"肯定"不是真假意义上的肯定,而仅表示做某件事,或采取某种行动),或是否定的(这里的"否定"也不是真假意义上的否定,而仅表示不做某件事,或不采取某种行动),因此,规范命题又相应分为以下六种。

1. 必须肯定命题,是规定某种行为必须履行的命题。如"教师应当为人师表"。如以小写英文字母"p"表示命题变项,则可用符号表示为"必须 p"或"O_p"。

2. 必须否定命题,是规定某种行为必须不实施的命题。如"一切公民的言行必须不违反社会公共利益"。可用符号表示为"必须非 p"或"$O_{\bar{p}}$"。

3. 禁止肯定命题,是规定某种行为不得实施的命题。如"禁止体罚学生"。可用符号表示为"禁止 p"或"F_p"。

4. 禁止否定命题,是规定某种行为不得不实施的命题。如"禁止不遵守公共秩序的行为"。可用符号表示为"禁止非 p"或"$F_{\bar{p}}$"。

5. 允许肯定命题,是规定某种行为可予实施的命题。如"大学生选修第二门外国语是允许的"。可用符号表示为"允许 p"或"P_p"。

6. 允许否定命题,是规定某种行为可予不实施的命题。如"身体伤残的学生不参加力不胜任的体育锻炼是允许的"。可用符号表示为"允许非 p"或"$P_{\bar{p}}$"。

从以上分类中还可看出,在各种规范命题中,其规范词在命题中的位置是可以有所不同的。既可以将规范词与命题联项结合在一起,置于命题的中间(如上述 O_p 与 $O_{\bar{p}}$ 所举例子),也可以将规范词置于命题之前(如 F_p 与 $F_{\bar{p}}$ 所举例子)或之后(如 P_p 与 $P_{\bar{p}}$ 所举例子)。

在上述六种命题中,由于禁止非 p($F_{\bar{p}}$)同必须 p(O_p)、禁止 p(F_p)同必须非 p($O_{\bar{p}}$)其断定是相等的,因而我们就可以用"必须 p"来表示"禁止非 p"(如"禁止不遵守纪律"就可用"必须遵守纪律"来表示和代替)、用"必须非 p"来表示"禁止 p"(如"禁止危害公共利益"就可用"必须不危害公共利益"来表示和代替)。这样一来,上述六种规范命题实际上即可主要归结为以下四种:

1. 必须 p(O_p)
2. 必须非 p($O_{\bar{p}}$)
3. 允许 p(P_p)
4. 允许非 p($P_{\bar{p}}$)

三、四种主要规范命题之间的对当关系

如前所述,规范命题乃是一种表示对一定人的行为的直接命令或规定的命

题，因而，它和可能命题、必然命题这类真值模态命题显然有所不同，它通常不是直接用于表示真假的。也就是说，规范命题不像其他命题那样，是依其是否与客观事实相符合而确定其真假的，而是根据这种命题的断定是否符合所在社会的行为规范而确定其正确还是不正确的。因此，当我们分析各种规范命题之间的逻辑关系时，我们主要是分析各种规范命题之间正确与否（而不是真实与否）方面的制约关系，而不像分析各种性质命题和可能命题与必然命题之间的关系时那样，去着重分析它们之间在真值上的相互制约关系。

四种规范命题之间的逻辑关系，概括起来，也具有类似传统逻辑中 A、E、I、O 四种性质命题之间的那种对当关系，因而，也可以借助于逻辑方阵来加以表示和说明（如图 7－2）。

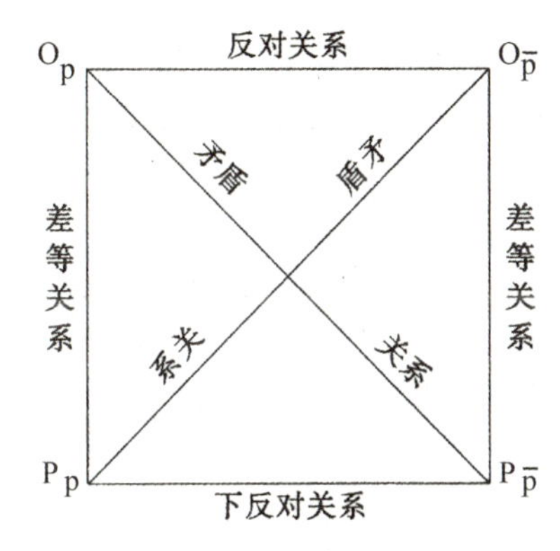

图 7－2　规范命题逻辑方阵

根据上图所示，可以看出规范命题的以下几种逻辑关系：

1. 必须 p（O_p）与必须非 p（$O_{\bar{p}}$）之间的关系。二者之间的关系是：一个正确，另一个就不正确；一个不正确，另一个正确与否不定。这也可以说是一种反对关系。

2. 允许 p（P_p）与允许非 p（$P_{\bar{p}}$）之间的关系。二者之间的关系是：一个错误，另一个就正确；一个正确，另一个正确与否不定。这也可以说是一种下反对关系。

3. 必须 p（O_p）与允许 p（P_p）、必须非 p（$O_{\bar{p}}$）与允许非 p（$P_{\bar{p}}$）之间的关系。它们之间的关系是："必须"命题正确，则"允许"命题必正确；"必须"命题不正确，则"允许"命题正确与否不定；"允许"命题正确，"必须"命题正确与否不定；"允许"命题错误，则"必须"命题必不正确。这也可以说是一种差等关系。

4. 必须 p（O_p）与允许非 p（$P_{\bar{p}}$）、必须非 p（$O_{\bar{p}}$）与允许 p（P_p）之间的关系。它们之间的关系是：一个正确，另一个不正确；反之亦然。这也可以说是一种矛盾关系。

第四节 规 范 推 理

一、什么是规范推理

规范推理是以规范命题为其前提和结论的演绎推理。例如：

（1）人人都必须遵守交通规则，

所以，不允许任何人不遵守交通规则。

（2）凡国家干部都必须全心全意为人民服务；

我们都是国家干部；

所以，我们都必须全心全意为人民服务。

上述二例，都是规范推理。它的前提至少有一个是规范命题，而且结论也是规范命题。

规范推理也和真值模态推理一样，种类繁多，而且有的也相当复杂。它在现代逻辑中构成了一个独立的、完备的规范逻辑系统。本书仅介绍两种比较简单、常见的规范推理：即根据规范命题的逻辑方阵进行推演的直接推理和规范三段论。

二、根据规范命题逻辑方阵进行推演的规范推理

根据前面已经介绍过的规范命题逻辑方阵中四种规范命题间的正误逻辑关系，即可构成一系列的直接的规范推理。

（一）根据规范命题矛盾关系的直接推理

规范命题中，必须 p 与允许非 p、必须非 p 与允许 p 之间是矛盾关系。根据这一关系，有以下八种有效的推理形式：

（1）必须 p，推出并非允许非 p（$O_p \rightarrow \overline{P_{\bar{p}}}$）；

（2）并非必须 p，推出允许非 p（$\overline{O_p} \rightarrow P_{\bar{p}}$）；

（3）允许非 p，推出并非必须 p（$P_{\bar{p}} \rightarrow \overline{O_p}$）；

（4）并非允许非 p，推出必须 p（$\overline{P_{\bar{p}}} \rightarrow O_p$）；

（5）必须非 p，推出并非允许 p（$O_{\bar{p}} \rightarrow \overline{P_p}$）；

（6）并非必须非 p，推出允许 p（$\overline{O_{\bar{p}}} \rightarrow P_p$）；

(7) 允许 p,推出并非必须非 p($P_p \to \overline{O_{\bar{p}}}$);

(8) 并非允许 p,推出必须非 p($\overline{P_p} \to O_{\bar{p}}$)。

上述(1)、(2)式,举例如下:

(1) 进入工地必须戴安全帽,

所以,进入工地不允许不戴安全帽。

(2) 并非都必须参加英语演讲比赛,

所以,允许不参加英语演讲比赛。

其余各式不一一举例。

(二) 根据规范命题反对关系的直接推理

规范命题中,必然 p 与必然非 p 之间是反对关系。根据这一关系,有以下两种有效的推理形式:

(1) 必须 p,推出并非必须非 p($O_p \to \overline{O_{\bar{p}}}$)。例如:

凡旅客都必须接受安全检查,

所以,并非旅客必须不接受安全检查。

(2) 必须非 p,推出并非必须 p($O_{\bar{p}} \to \overline{O_p}$)。例如:

考生必须不迟到,

所以,并非考生必须迟到。

(三) 根据规范命题下反对关系的直接推理

规范命题中,允许 p 与允许非 p 之间是下反对关系。根据这一关系,有以下两种有效的推理形式。

(1) 并非允许 p,推出允许非 p($\overline{P_p} \to P_{\bar{p}}$)。例如:

不允许共产党员信教,所以,允许共产党员不信教。

(2) 并非允许非 p,推出允许 p($\overline{P_{\bar{p}}} \to P_p$)。例如:

不允许商户不守法,所以,允许商户守法。

(四) 根据规范命题差等关系的直接推理

规范命题中,必须 p 与允许 p、必须非 p 与允许非 p 之间是差等关系。根据这一关系,有以下四种有效的推理形式:

(1) 必须 p,推出允许 p($O_p \to P_p$);

(2) 并非允许 p,推出并非必须 p($\overline{P_p} \to \overline{O_p}$);

(3) 必须非 p,推出允许非 p($O_{\bar{p}} \to P_{\bar{p}}$);

(4) 并非允许非 p,推出并非必须非 p($\overline{P_{\bar{p}}} \to \overline{O_{\bar{p}}}$)。

上述(1)、(2)式，举例如下：

(1) 大学生必须做一个有道德的人，
所以，允许大学生做一个有道德的人。

(2) 不允许中小学生进入游戏机房，
所以，并非中小学生必须进入游戏机房。

其余各式，请读者自己举例。

三、规范三段论

规范三段论是在直言三段论中引入规范模态词的一种三段论推理。一般来说，它的大前提是规范命题，小前提是直言命题，结论是规范命题。规范三段论也必须遵守直言三段论的全部逻辑规则。

下面介绍几种主要的、常见的规范三段论：

1. 必须规范三段论。先看以下例子：

(1) 所有的国家干部都必须严格自律；
我们都是国家干部；
所以，我们都必须严格自律。

(2) 共产党员必须不参与迷信活动；
他们都不是共产党员；
所以，他们不必须不参与迷信活动。

上述两个规范三段论的推理形式分别是：

(1) 凡 M 必须 P；
凡 S 是 M；
所以，凡 S 必须 P。

(2) 凡 M 必须非 P；
凡 S 不是 M；
所以，凡 S 不必须非 P。

显然，其中(1)式是有效的规范三段论式，而(2)式则是不正确的、无效的规范三段论式(因其直言命题是否定命题，违反了三段论第一格小前提必须是肯定命题的规则)。

2. 禁止规范三段论。其推理形式为：

凡 M 禁止 P；
凡 S 是 M；
所以，凡 S 禁止 P。

例如：

仓库重地，严禁烟火（即凡仓库重地都严禁烟火）；

这里是仓库；

所以，这里严禁烟火。

3. 允许规范三段论。其推理形式为：

凡 M 允许 P；

凡 S 是 M；

所以，凡 S 允许 P。

例如：

凡周末允许举办舞会；

今天是周末；

所以，今天允许举办舞会。

练习题

1. 已知下列模态命题为真，请根据对当关系，指出与其素材相同的其他三个真值模态命题的真假。

（1）考察团可能明天到达上海。

（2）小张必然不是天津人。

（3）今天下午校图书馆可能不开放。

（4）一个事物的产生必然是有原因的。

（5）任何一个人的成长不可能不经历曲折和困难。

解题思路：

本题只要准确把握模态命题的对当关系，即可正确解题。以题（2）为例，“小张必然不是天津人”是一必然否定命题，题设已定其为真，与之同素材的三个模态命题及其真假情况为：“小张必然是天津人”为假，“小张可能是天津人”为假，“小张可能不是天津人”为真。

2. 下列命题各属何种规范命题？

（1）不允许年龄未满 12 岁的儿童在马路上骑自行车。

（2）子女必须赡养父母。

（3）允许足球运动员在比赛时合理冲撞。

（4）公民必须不违反现行法律。

（5）在校学生毫无例外地要注重自己的德性修养。

解题思路:

按规范命题的定义和分类即可正确解题。如题(1)为一被否定了的允许肯定命题(命题前加“不”即为对后设允许肯定命题的否定),亦即“不允许 p”,等值于“必须非 p”。

3. 请列出下列模态推理的形式,并说明它是否正确。

(1) 小李可能去杭州,所以,小李不必然去杭州。

(2) 苏州人不必然会讲普通话,所以,苏州人可能会讲普通话。

(3) 卢老师可能不住在二楼,所以,卢老师不可能住在二楼。

(4) 今年元旦不可能下雪,所以,今年元旦不下雪是必然的。

(5) 具有高水平的历史小说可能令人百看不厌,《红楼梦》就是这种历史小说,所以《红楼梦》必然令人百看不厌。

解题思路:

本题所列各题均可按模态命题逻辑方阵进行推演的模态命题直接推理去求解。如题(3)“卢老师可能不住在二楼”,只能推出“卢老师不必然住在二楼”,不能推出“卢老师不可能住在二楼”,故本小题题设不正确。

第八章
归纳推理

Chapter 8

第一节 归纳推理的概述

一、什么是归纳推理

鲁迅先生在讲述“经验”的作用时,曾写过这样一段话:

“大约古人一有病,最初只好这样尝一点,那样尝一点,吃了毒的就死,吃了不相干的就无效,有的竟吃到了对症的就好起来,于是知道这是对于某一种病痛的药。这样地累积下去,乃有草创的纪录,后来渐成为庞大的书,如《本草纲目》就是。”①

这段话的意思是说,拿任何一种草药来说吧,人们为什么会发现它能治好某种疾病呢?原来,是来源于我们先人无数次经验(成功的或失败的)的积累。由于某一种草无意中治好了某一种病,第二次,第三次,……都治好了这一种病,于是人们就把这几次经验积累起来,做出结论说,“这种草能治好某一种病”。这样,一次次个别经验的认识就上升到对这种草能治某一种病的一般性认识了。这里就有着归纳推理的运用。

如果我们把上述这种归纳的过程表述出来的话,其推理过程是这样的:

甲草药$_1$ 治好了甲病$_1$,

甲草药$_2$ 治好了甲病$_2$,

甲草药$_3$ 治好了甲病$_3$,

……

所以,甲草药能治好甲病。

(“甲”分别表示一种特殊的草药和特殊的疾病,1、2、3 等表示次数)

在这个推理中,前提是表示(有关甲草药的)一次次个别性的认识,而结论则得出了(有关甲草药的)一般性的认识,这种推理就称为归纳推理。

归纳推理的前提是一些关于个别事物或现象的命题,而结论则是关于该类事物或现象的普遍性命题。归纳推理的结论所断定的知识范围超出了前提所断定的知识范围,因此,归纳推理的前提与结论之间的联系不是必然性的,而是或然性的。也就是说,其前提真而结论假是可能的,所以,归纳推理乃是一种或然性推理。

人们认识事物,总离不了要运用这种归纳推理。毛泽东指出:就人类对于客

① 《鲁迅全集》第四卷,人民文学出版社 2005 年版,第 554 页。

观事物的认识秩序说来“总是由认识个别的和特殊的事物，逐步地扩大到认识一般的事物。人们总是首先认识了许多不同事物的特殊的本质，然后才有可能更进一步地进行概括工作，认识诸种事物的共同的本质。”①这是因为我们在日常工作中、生活中接触到的客观事物，总是个别的、具体的东西(比如，一株一株的草药)，因此，我们从经验中得到的知识，总是关于个别事物的知识(比如，一株一株的某种草能治某种病)，我们只有在这些关于个别事物的知识的基础上进行概括，才能得到关于某种事物的一般性的认识，并进而把握这一类事物的共同本质和规律性，以指导人们去正确地进行实践活动。否则，离开了对一类事物中一个个具体的、个别事物的认识，要想获得对这一类事物的一般性认识是根本不可能的。即使勉强得出了关于事物的一般性认识，那也是无源之水、无本之木，是根本不可靠的，不能用以正确地指导人们的实践活动。

二、归纳推理与演绎推理的区别和联系

归纳推理与演绎推理是人们思维过程中常用的两种主要推理，二者是相互区别而又相互联系的，弄清它们的区别和联系有助于我们进一步了解归纳推理的逻辑特点与认识作用。

归纳推理与演绎推理的主要区别是：首先，从思维运动过程的方向来看，演绎推理是从一般性的知识的前提推出一个特殊性的知识的结论，即从一般过渡到特殊；而归纳推理则是从一些特殊性的知识的前提推出一个一般性的知识的结论，即从特殊过渡到一般。其次，从前提与结论联系的性质来看，演绎推理的结论不超出前提所断定的范围，其前提和结论之间的联系是必然的，即其前提真而结论假是不可能的。一个演绎推理只要前提真实并且推理形式正确，那么，其结论就必然真实。而归纳推理(完全归纳推理除外)的结论却超出了前提所断定的范围，其前提和结论之间的联系不是必然的，而只具有或然性，即其前提真而结论假是有可能的，也就是说，即使其前提都真也并不能保证结论是必然真实的。

归纳推理与演绎推理虽有上述区别，但它们在人们的认识过程中是紧密联系着的，两者互相依赖、互为补充。比如说，演绎推理的一般性知识的大前提必须借助于归纳推理从具体的经验知识中概括出来，从这个意义上我们可以说，没有归纳推理也就没有演绎推理。当然，归纳推理也离不开演绎推理。比如，归纳活动的目的、任务和方向是归纳过程本身所不能解决和提供的，这只有借助于理论思维，依靠人们先前积累的一般性理论知识的指导，而这本身就是一种演绎活动。而且，单靠归纳推理是不能证明必然性的，因此，在归纳推理的过程中，人们常常

---

① 《毛泽东选集》第一卷，人民出版社 1991 年版，第 309—310 页。

需要应用演绎推理对某些归纳的前提或者结论加以论证。从这个意义上我们也可以说,没有演绎推理也就不可能有归纳推理。因此,正如恩格斯指出的那样:"归纳和演绎,正如分析和综合一样,是必然相互联系着的。不应当牺牲一个而把另一个捧到天上去,应当把每一个都用到该用的地方,而要做到这一点,就只有注意它们的相互联系、它们的相互补充。"[1]可见,归纳推理也如演绎推理一样是人们思维和认识活动中不可缺少的重要推理形式,也需要认真地研究,并正确地应用它们。

归纳推理可分为:完全归纳推理和不完全归纳推理。不完全归纳推理又可分为:简单枚举归纳推理和科学归纳推理。形式逻辑除了研究这几种主要的归纳推理形式外,还要研究一些搜集和整理经验材料的逻辑方法。下面,我们就这些内容分别作些简要的介绍。

① 《马克思恩格斯选集》第四卷,人民出版社 1995 年版,第 335 页。

第二节 观察、实验和一些整理经验材料的方法

归纳推理是一种由特殊性知识的前提得出一般性知识的结论的推理。显然，人们在进行归纳推理的时候，总是先要搜集到一定的事实材料，有了个别性的、特殊性的知识作为前提，然后才能进行归纳推理。而搜集事实材料则必须运用经验的认识方法，主要是观察和实验的方法。

一、观察

人们在对象或现象的自然状态下，有目的地通过感官去研究对象或现象，这就叫做观察。观察与一般的感觉、知觉不同。观察是依据某种确定的目的有计划地进行的。而一般的感觉、知觉却不一定有确定的目的和计划。比如，人们在晚上抬头可以看到满天星斗，这只是一般人的普通感觉和知觉；而天文工作者为了探索太空中的奥秘，把天体中某种现象的变化系统地记录下来，这就是观察。又如，中医看病时，首先要诊察病人所患疾病呈现出来的各种症状，通过望、闻、问、切，全面地、系统地了解其病因、性质及内部联系，为辨证施治提供依据，这也是观察。

观察是获得经验材料的最基本的方法。观察有两个突出的特点：①它是人们有目的、有计划的认识活动；②它是在被观察的对象或现象处于自然状态的条件下进行的。

为了使观察获得的材料比较可靠和比较准确，还应注意两个问题：①必须坚持观察的客观性和全面性，切忌主观的随意性和片面性；②尽可能地借助于有关的仪器设备来进行，以克服感觉器官认识的局限性。

虽然现代科学为观察提供了许多先进的精密的科学仪器，大大强化了观察手段，但是观察毕竟只能在对象或现象处于自然状态的条件下进行，因此，它仍具有很大的被动性。为了充分发挥认识的主动性，人们就要进行实验。

二、实验

人们在控制对象或现象的条件下有目的地通过感官去认识对象或现象，就叫做实验。具体而言，实验是人们根据研究的目的，利用科学仪器、设备，人为地控制或模拟自然现象的条件，排除干扰因素，突出主要因素，在相对的纯粹状态下研

究自然现象的认识活动。例如,要研究某一植物在某种条件下对具有一定酸碱度的土壤的适应情况,人们可以在实验室中,人为地控制大自然对植物生态的影响,只就酸碱度这一特定的因素进行考察。又如,为了研究未来天气情况,我国科学院就有一台大气环流实验模型。它转动一圈只需半分钟,能模拟一天的气候变化;转动三个多小时,能模拟一年的气候变化,这就为我国的天文工作者研究未来的天气情况提供了大量资料,而这些资料比之直接观察所获得的资料显然要更加精确。

实验是自然科学研究中最基本的研究方法。它和观察比较起来有以下优点:①实验可根据研究工作的需要,使被研究的对象或现象在极其纯粹的状态下再现出来,并借助于人工的隔离条件,使其依照一定的顺序,不断地重复出现。这就便于人们观察某种对象或现象的发生过程以及对象或现象间的因果关系。例如,我们看见铁球与鸡毛从塔顶上同时往下落,在空气中它们下落的速度是不一样的。这与空气有关还是无关?这是由于空气的浮力作用还是由于地球的引力作用呢?在自然状态下,由于许许多多的因素错综复杂地交织在一起,我们是不能弄清楚这些问题的。为此,我们可以做"自由落体"的实验:把铁球和鸡毛都放在抽掉空气的圆筒形的透明容器中,看它们从同一高度同时下落的速度是否一样。这样,就容易发现铁球与鸡毛在空气中下落的速度不一样与空气浮力作用的关系。在这个实验中,我们人为地抽掉了空气这个因素,排除偶然因素的干扰,"纯化"了被研究的现象。可见,通过实验,我们可以人为地使某些现象发生,而使另一些现象不发生;使某些现象发生变化,而使另一些现象保持不变。这样,就容易认识现象间的因果联系。②可以把容易消失的自然现象,或在自然条件下不易出现的自然现象,人为地引发出来,并使之重复出现,以便于人们进行观察。例如,天空中的闪电,一闪即逝,不易观察出究竟来。我们在物理实验室里可以采取人工模拟的办法,引发闪电现象的重复出现,以便反复地进行观察。又如,强烈的风在自然状态下只是偶然出现的。但在实验室中,我们可以设计一个风洞,使强烈的风在任何时间任意多次地重复出现。

在搜集材料的过程中,还要对材料进行整理和研究。也就是说,人们还要对经验材料进行思维加工,这就需要运用理论思维的方法,即比较、分析和综合,等等。

三、比较法

比较法是在思维中用以确定对象之间相同点和相异点的逻辑方法。比较法的基本功用是辨同和别异。人们应用比较法,重要的不在于从相似的对象中去求"同",或从不相似的对象中去求"异";对于科学研究工作来说,能从不相似的对象中去求“同”,或从相似的对象中去别“异”,则有着更为重要的意义。比较法是人们认识活动的一种基本方法,在搜集材料和整理材料的过程中是不可缺少的。

在进行比较时,必须注意以下几点:首先,必须在同一关系下进行比较。比如,一个国家在使用旧货币时期的物价与币制改革后使用新货币时的物价,就不能直接地加以比较。又如,我们不能比较“木与夜孰长?智与粟孰多?”因此,《墨经》中说:“异类不比。”其次,要就对象的实质方面进行比较,不要因某种表面上的相同,而忽略实质上的差异;也不要因表面上的差异,而忽略实质上的相同。如果只用对象或现象的表面的或偶然性的东西来进行比较,那就不可能得出对有关对象或现象的正确认识。

四、分析法与综合法

分析是在思维中把对象的整体分解为各个部分、方面、特性和因素而加以认识的逻辑方法;综合是在思维中将已有的关于对象的各个部分、方面、特性和因素的认识联结起来,形成关于对象的统一整体的认识的逻辑方法。分析和综合是两种不同的方法,它们在认识的方向上是相反的。但是,分析与综合又是互相联系、缺一不可的。分析是综合的基础,而综合则是分析的发展。一方面,为了综合就必须进行分析,没有分析也就没有综合;另一方面,分析又依赖于综合,没有一定的综合知识为指导,就无法对客观对象作出进一步的深入的分析。正如恩格斯曾经指出的那样:“……思维既把相互联系的要素联合成为一个统一体,而且同样也把意识的对象分解为它们的要素。没有分析就没有综合。”[①]分析法与综合法都是十分重要的逻辑方法。在整理经验材料的过程中,人们经常使用这两种方法。

① 《马克思恩格斯选集》第三卷,人民出版社 1972 年版,第 81 页。

第三节 完全归纳推理和不完全归纳推理

一、完全归纳推理

先举一个例子：天文学家对太阳系的大行星运行轨道进行考察的时候，他们会发现：水星是沿着椭圆轨道绕太阳运行的，金星是沿着椭圆轨道绕太阳运行的，地球是沿着椭圆轨道绕太阳运行的，火星是沿着椭圆轨道绕太阳运行的，土星是沿着椭圆轨道绕太阳运行的，木星是沿着椭圆轨道绕太阳运行的，天王星是沿着椭圆轨道绕太阳运行的，海王星是沿着椭圆轨道绕太阳运行的，而水星、金星、地球、火星、土星、木星、天王星、海王星是太阳系的全部大行星。由此，他们便可以得出如下结论：所有的太阳系大行星都是沿着椭圆轨道绕太阳运行的。这就是完全归纳推理。

可见，完全归纳推理是这样一种归纳推理：根据对某类对象的全部个别对象的考察，发现它们每一个都具有某种性质，因而得出结论说：该类对象都具有某种性质。

根据完全归纳推理的这一定义，它的逻辑形式可表示如下(S 表示对象，P 表示属性)：

S_1——P

S_2——P

……

S_n——P

($S_1 S_2 \cdots\cdots S_n$ 是 S 类的所有分子)

所以，S——P

从公式可见，完全归纳推理在前提中考察的是某类对象的全部个别对象，而不是某一部分对象，因此，其结论所断定的范围并未超出前提所断定的范围。所以其结论是根据前提必然得出的，即其前提与结论的联系是必然的。就此而言，完全归纳推理具有演绎的性质。

运用完全归纳推理必须注意两点：①前提所列举的应当是包括该类对象的每一个个别对象，一个也不能遗漏(就前例说，则要列举太阳系每一个大行星，漏掉一个也不行)。②作为前提的每一个判断都应当是真的，即每一个个别对象都确实具有某种性质(就前例说，所举各个大行星确实都是沿着椭圆轨道绕太阳运行的)。如果满足了这两条要求,那么完全归纳推理的结论就必然是真实的。否则,结论就不是必然真实的。

由于完全归纳推理要求对某类对象的全部对象一一列举考察,所以,它的运用是有局限性的。如果某类对象的个别对象是无限的(如天体、原子)或者事实上是无法一一考察穷尽的(如工人、学生),它就不能适用了。这时就只能运用不完全归纳推理了。

二、不完全归纳推理

不完全归纳推理是这样一种归纳推理:根据对某类对象部分对象的考察,发现它们具有某种性质,因而得出结论说:该类对象都具有某种性质。

这里就很自然地要提出一个问题:为什么由对某类对象的部分对象的考察(发现它们具有某种性质)就能得出该类对象全体的一般结论(即该类对象全部具有某种性质)呢?根据是什么呢?这里,又有两种不同的情况。

第一种情况。主要根据是:所碰到的某类对象的部分对象都具有某种性质,而没有发现相反的情况。比如古医书记载了这样一个故事:有一个患头痛病的樵夫上山砍柴,一次不慎碰破足趾,出了一点血,但头部不痛了。当时他没有注意。后来头痛复发,又偶然碰破原处,头痛又好了。这次引起了他的注意,以后头痛时,他就有意刺破该处,都有效应(这个樵夫碰的地方,即现在所称的"大敦穴")。现在我们要问,为什么这个樵夫以后头痛时就想到要刺破足趾的该处呢?从故事里可见,这是因为他根据自己以往的每次个别经验作出了一个有关碰破足趾能治好头痛的一个一般性结论了。在这里,就其所运用的推理形式来说,就是一个不完全的归纳推理。具体过程是这样的:

第一次碰破足趾某处,头痛好了,

第二次碰破足趾某处,头痛好了,

(没有出现相反的情况,即碰破足趾某处,而头痛不好。)

所以,凡碰破足趾某处,头痛都会好。

如用公式表示则是:

$$S_1 —— P$$

$$S_2 —— P$$

$$S_3 —— P$$

$$\cdots\cdots$$

$$S_n —— P$$

($S_1 S_2 S_3 \cdots\cdots S_n$ 是 S 类部分对象,枚举中未遇相反情况。)

所以,S——P

这种仅仅根据在考察中没有碰到相反情况而进行的不完全归纳推理,我们就称为简单枚举归纳推理或简称枚举归纳推理。比如,我们每次都发现天下雨前,蚂蚁搬家,没有发现相反的情况(即蚂蚁搬家,天不下雨),于是作出结论:“凡蚂蚁搬家,天要下雨。”每年冬季下了大雪,第二年庄稼就获得丰收,没有发现相反情况(即前一年大雪,第二年不丰收的情况),于是作出结论“瑞雪兆丰年”。这些都是简单枚举归纳推理的具体运用。

第二种情况。不是对某类对象的部分对象碰到哪个就考察哪个(简单枚举归纳推理就是如此),而是按照对象本身的性质和研究的需要,选择一类对象中较为典型的个别对象加以考察;通过这种对部分对象的考察而作出某种一般性的结论时,也不只是根据没有碰到例外相反的情况,而是分析和发现所考察过的某类对象的部分对象何以具有某种性质的客观原因和内在必然性。这种建立在对对象进行科学分析基础上的不完全归纳推理,我们就称之为科学归纳推理。

比如,毛泽东关于“一切反动派都是纸老虎”的科学论断的提出,就推理形式而言,就有着这种科学归纳推理的运用。因为这一论断的得出,是根据对历史上几个较典型的反动派(十月革命前的俄国沙皇、希特勒、墨索里尼、二次世界大战时的日本帝国主义等)进行了辩证唯物主义和历史唯物主义的科学分析,揭示了这一个个反动派都具有纸老虎性质的必然原因,然后才得出了“一切反动派都是纸老虎”的科学结论。这个推理过程大致是这样的:

十月革命前的俄国沙皇是纸老虎,
希特勒是纸老虎,
墨索里尼是纸老虎,
二次世界大战时的日本帝国主义也是纸老虎,
(而十月革命前的俄国沙皇、希特勒、墨索里尼、二次世界大战时的日本帝国主义都是反动派,他们的外表似乎很强大,但从长远的观点来看,他们的阶级地位和本质决定了他们是反人民的,因而是没有力量的,没有前途的,必然是纸老虎。)
所以,一切反动派都是纸老虎。

综上所述,两种不完全归纳推理的根据是有所不同的,因而它们所得出的结论的性质也是不同的。简单枚举归纳推理所依据的仅仅是没有发现相反的情况,而这一点对于作出一个一般性的结论来说,虽是必要的,但并不是充分的。因为,没有碰到相反的情况,并不能排除这个相反情况存在的可能性。而只要有相反情况的存在,无论暂时碰到与否,其一般性结论就必然是错的。科学归纳推理则不同,它所根据的是对对象何以存在某种性质的必然原因进行的科学的分析,因而它的结论是比较可靠的。

但是,决不能因此就完全否认简单枚举归纳推理的作用。事实上,它在人们的思维和认识过程中还是有很大作用的。比如,广大劳动人民在历史上曾运用这种推理整理了许多丰富的经验材料,提出了许多极有价值的农谚:如“月晕而风,础润而雨”、“天上鲤鱼斑,明天晒谷不用翻”,等等。它们不仅指导了广大劳动人民当时的生产斗争,而且也给后来的科学研究提供了许多有价值的资料。即使到现在,我们也还可以在一定场合里用这种方法来为工农业生产服务。比如,在农业生产中,为了防治病虫害,做好田间调查和预测预报工作,我们经常采用的“随机取样法”(即没有规律性地根据经验和所碰到的田间情况,随意选取样点,来作出整块田地病虫害情况的一般结论),就是一种简单枚举推理法的具体运用。工业产品检验中的随机抽样的检查方法,也是这种推理的具体运用。

第四节 探求因果联系的逻辑方法

我们已经知道,科学归纳推理的结论是在分析和发现所考察过的某类对象的部分对象具有某种性质的客观原因和内在必然性之后作出的,或者说是在确定了对象间的因果联系之后作出的。那么,人们又是怎样来确定对象或现象间的因果联系的呢?这就是本节所要讲的内容。

一、现象间的因果联系

客观世界是一个有内在联系的统一整体,其中各个对象或现象是互相密切联系着,互相依赖着,互相制约着的。因果联系是对象或现象间这种普遍联系、互相依赖和互相制约的表现形式之一。

因果联系是指原因和结果之间的联系。如果一个现象的出现必然引起另一个现象的出现,那么,这两个现象之间就有着因果联系。引起另一现象出现的现象叫原因,被引起的现象叫结果。例如,加热和物体体积膨胀是两个互相联系的现象,只要加热就会引起物体体积的膨胀。在这里,加热是物体体积膨胀的原因,而物体体积膨胀则是加热的结果。又如,在资本主义社会里,由于生产的社会化与生产资料私人占有的矛盾的激化,必然会引起资本主义的经济危机。在这里,资本主义社会的基本矛盾的激化是资本主义经济危机产生的原因,而资本主义的经济危机则是资本主义社会的基本矛盾激化的结果。

因果联系是客观世界现象间互相联系的一种形式,它具有自身的特点,这些特点是确立探求因果联系的逻辑方法的客观根据。

原因和结果在时间上是先后相继的,原因总在结果之前,而结果总在原因之后。因此,我们在探求因果联系时,只能从先行的情况中去找原因,从后行的情况中去找结果。不过需要注意的是:两个现象在时间上的先后相继并非都存在着因果联系。例如,白昼和黑夜,在时间上虽是先后相继的,但它们之间并不具有因果联系,它们都是地球自转和绕太阳旋转所引起的结果。因此,在探求因果联系时,如果只是根据两个现象在时间上是先后相继的,就作出它们之间具有因果联系的结论,那么,就犯了“以先后为因果”的逻辑错误。

因果联系是完全确定的。在同样的条件下,同样的原因必然产生同样的结果。例如,在通常的大气压的条件下,把纯水加热到一百摄氏度,它就必然会产生汽化的结果。

因果联系是复杂多样的。一个现象的产生，可以是一种原因引起的，也可以是多种原因引起的。例如，日光、二氧化碳和水是使植物叶子能进行光合作用的原因，这种原因叫做复合原因。忽视原因的多样性，在实践中会导致有害的后果。例如，一块地里的农作物生长不好的原因，可能是水分不足，可能是肥料太少，也可能是病虫害，等等。如果我们忽略了原因的多样性，只注意一种原因，比如，只注意施加肥料，那就必然会导致减产的后果。因此，人们在探求因果联系时，特别应当注意复杂现象的构成原因或结果。

二、探求现象间因果联系的方法

探求现象间的因果联系是一个复杂的思维和认识过程。但大致上可以概括为这样两个基本步骤。首先，确定可能的原因（或结果）。任何现象都有许许多多的先行状况或后继状况，人们可以根据已有的科学知识作出初步判定：究竟哪些现象是与被研究现象有关的，可能是被研究现象的原因（或结果）。其次，从可能的原因（或结果）中探求出真正的原因（或结果）。其方法主要是对被研究现象出现（或不出现）的各种场合进行比较，把那些不可能成为被研究现象原因（或结果）的那些现象排除出去，从而探求出真正的原因（或结果）来。这样的探求过程，在形式逻辑中就称为探求现象因果联系的方法，主要有：求同法、求异法、求同求异并用法、共变法和剩余法。这些方法是人们在长期的实践与认识过程中逐渐总结出来的。远在古代，这些方法就已经有了萌芽。到了近代实验科学兴起以后，这些方法才为英国学者穆勒（亦译“密尔”）较完整地总结出来。故这些方法逻辑史上又通称其为“穆勒五法”。下面我们分别简要地加以介绍。

（一）求同法（或称契合法）

我们常常发现一些人身体很好，很结实。原因是什么呢？他们的情况各不相同，有的是教师，有的是学生，有的是工人；有的原来体质较好，有的原来体质较差；他们的工作条件、生活条件、学习条件也各不相同……但他们却有一个共同的情况，那就是他们都持之以恒地锻炼身体。由此，我们可以作出结论：持之以恒地锻炼身体是他们身体好的原因，至少是身体好的部分原因。这里就有着求同法的运用。

可见，求同法是这样一种方法，当我们发现某一现象出现在几种不同的场合，而在这些场合里，只有一个条件是相同的（其他条件均不相同），这样，我们就可以推断说，这个相同条件就是各个场合出现的那个共同现象的原因。

求同法可以用这样一个公式来表示它：

先行情况　　被研究现象

ABC —— a

ADE —— a

AFG —— a

所以,A是a的原因

应用求同法所得到的认识(即找出的原因)并不总是正确的。因为在各种不同场合里存在的共同条件可能不止一个,而作为真正原因的某一共同条件可能正好被忽视了。因此,通过求同法所得到的认识,应当通过实践或用其他方法去进一步检验。但是,求同法为我们提供了找到现象原因的线索。所以,它作为一种发现现象因果联系的方法,在科学研究和日常生活中经常被人们应用着。在自然科学中就有着许多通过求同法而确定了对象原因的具体事例。比如,关于虹的成因,就是如此。人们在经常的观察研究中,发现虹这一现象,在雨后的天空、早上的露珠、瀑布的水珠、船桨打起的水花里都会出现,而它们的共同情况则只是光线穿过水珠。因此,这一共同情况(光线穿过水珠)即被认为是虹的成因。

(二) 求异法(或称差异法)

据报道,在一些国家里,大气污染极为严重,不仅危害人们的身体健康,也影响农作物的产量和树木的生长,如使白杨树提早落叶等。有一个国家的研究人员曾在环境暴露的两间实验室里做过下面的一个实验:将大气中被污染的空气放入一间实验室里,而在另一间的入气孔上装上活性炭过滤器等清除污染物的装置,使送入的空气变为洁净的空气。两间实验室中的土壤、水分、温度、日照时间以及与植物生长有关的其他条件完全相同。在两间实验室里,分别栽上同样的白杨十五株。四个月之后,在空气洁净的实验室里,十五株白杨新茎平均高二米九五,而在空气污染的实验室中,新茎的平均高度只有二米零九;叶数前者平均为七十一片,后者仅为二十六片。而且,前者在九月上旬叶子还在继续生长,而后者在八月初即开始落叶。这清楚地表明:白杨树提早落叶的原因是大气污染。这个例子就体现着求异法的自觉运用。

从这个事例中可以看到,求异法是这样一种方法:如果某一现象在一种场合下出现,在另一种场合下不出现,但在这两种场合里,其他条件都相同,只有一个条件不同(在某现象出现的场合里有这个条件,而在某现象不出现的另一场合里则没有这个条件),那么,这唯一不同的条件,就是某现象产生的原因。

求异法可用下述公式来表示:

先行情况	被研究现象
ABC	a
BC	—

所以，A是a的原因

求异法在科学研究中，特别是科学试验中，是一种被广泛运用的方法。我们不仅可以运用它来寻求现象的原因，还可以根据研究的需要运用它来控制现象的条件，以判明现象的不同结果。比如，我们可以在种植同一作物的同一块田地上，一部分用某种肥料，一部分不用。以此就可以清楚地通过作物的不同产量来判明施用这种肥料后的显著效果。

(三) 求同求异并用法

很久以来，人们发现有些鸟能远航万里而不迷失方向。原因是什么呢？人们对此曾作过不少的猜测，但都没有得到证实。近年来，科学工作者发现每当天晴能见到太阳时，这些鸟就都能确定其飞行的正确方向；反之，每当天阴见不到太阳时，它们就迷失方向。由此，科学工作者得出结论说：有些鸟能远航万里而不迷失方向的原因是利用太阳来定向的。这里就有着求同求异并用法的运用。

求同求异并用法是这样一种方法，考察两组事例，一组是由被研究现象出现的若干场合组成的，称之为正事例组；一组是由被研究现象不出现的若干场合组成的，称之为负事例组。如果在正事例组的各场合中只有一个共同的情况并且它在负事例组的各场合中又都不存在，那么，这个情况就是被研究现象的原因。

求同求异并用法可用公式表示如下：

场合	先行情况	被研究现象	
(1)	A,B,C,F	a	正事例组
(2)	A,D,E,G	a	
(3)	A,F,G,C	a	
……	……	……	
(1)	—,B,C,G	—	负事例组
(2)	—,D,E,F	—	
(3)	—,F,G,D	—	
……	……	……	

所以，A情况是a现象的原因。

求同求异并用法是通过三个步骤来判定现象之间的因果联系的：首先运用求

同法确定被研究现象出现的诸场合中的唯一共同情况(A);其次再用求同法确定被研究现象不出现的诸场合中的唯一共同情况(无 A);最后运用求异法将上述两个事例组的各自的共同情况加以比较而得出结论:情况 A 可能是被研究现象 a 的原因。可见,求同求异并用法是两次运用求同法、一次运用求异法而得出结论的。由于这种方法是建立在两次运用求同法的基础之上的,而求同法本身只是一种或然性的方法,故这种方法的运用也有一定的或然性,它和那种先用求同法再用求异法来检查结论的方法是不同的。

在先后相继运用求同法和求异法时,是先用求同法确定被研究现象的原因,然后再用求异法加以检查。例如,如果现象 a 出现于 A、B、C、F;A、D、E、G;A、F、G、C 三种场合,那么通过求同法即可推知 A 可能是现象 a 的原因。然后,为了验证这个结论的确实性,我们可以在其中一个场合(比如,A、B、C、F)中去掉 A。假如当 A 去掉后,现象 a 也跟着消失了,那么,就表明在条件相同的情况下,有 A 则有 a,无 A 则无 a。这一点正好体现了因果联系的一种固有特性。因此,通过这种方法得到的结论是比较可靠的。

如果我们把相继运用求同法和求异法与求同求异并用法略加比较,就不难发现:①相继运用求同求异法,在正事例组和负事例组的各种场合中唯一不同之处只在于有无所求的原因上,即有无 A 情况,而其他情况则完全相同;而求同求异并用法除了正负两组事例的各种场合中唯一不同之处在于有无 A 情况外,而其他情况则不完全相同。②相继运用求同求异法得到的结论比较可靠,而求同求异并用法得到的结论仍是或然的。正因为如此,我们把求同求异并用法看作是一种独立的判明现象间的因果联系的逻辑方法。

(四) 共变法

长期以来,人们在自己的生活和工作实践中常常发现这样一种情况:一种现象变化了,另一种现象就随之发生变化。比如,气温上升了,放置在器皿中的水银体积就膨胀了;气温下降了,水银体积就缩小了。在农业生产中,只要不超过一定的限度,肥料施得多,农作物产量就增加得多;肥料施得少,农作物的产量就少。从这些变化里,人们逐渐摸索和认识到事物的原因和结果,在一定条件下有着一种共同变化的关系。于是人们根据这种关系,积累和总结出了另一种求原因的方法——共变法。

共变法是指:在其他条件不变的情况下,如果一个现象发生变化,另一个现象就随之发生变化,那么,前一现象就是后一现象的原因或部分原因。比如,根据上面所提到的气温与水银体积、肥料与农作物产量之间的共变关系,我们就可推断出,气温的升降是水银体积膨胀或收缩的原因;施肥数量的多少是农作物产量高低的原因。

共变法可用下述公式来表示：

场合	先行情况	被研究现象
(1)	A_1、B、C、D	a_1
(2)	A_2、B、C、D	a_2
(3)	A_3、B、C、D	a_3
……	……	……

所以，A是a的原因。

共变法在科学研究和日常生活实践中都有很大作用。它不仅可以用来确定因果联系，而且也可以用来作为反驳事物间具有因果联系的根据。只要我们能够证明假定原因的变化并不引起作为预想结果的变化，我们也就可以因此而否认它们之间可能存在的因果联系。另外，共变法的作用还表现在：几乎所有测量仪器（比如温度计）的构造，都是以互有因果联系的现象间的共变关系为基础的，从而也就可以使我们能根据一种现象的量来判断另一种现象的量。

（五）剩余法

自然科学史上有这样一个例子：1846年前，一些天文学家在观察天王星的运行轨道时，发现它的运行轨道和按照已知行星的引力计算出来的运行的轨道不同——发生了几个方面的偏离。经过观察分析，知道其中几方面的偏离是由已知的其他几颗行星的引力所引起的，而有一方面的偏离则原因不明。这时天文学家就考虑到：既然天王星运行轨道的各种偏离是由相关行星的引力所引起的，现在又知其中的几方面偏离是由另几颗行星的引力所引起的，那么，剩下的一处偏离必然是由一个未知的行星的引力所引起的。后来有的天文学家和数学家据此推算出了这个未知行星的位置。1846年，按照这个推算的位置进行观察，果然发现了一颗新的行星——海王星。在这个过程中就有剩余法的明显运用。

所谓剩余法指的是：如果某一复合现象是由另一复合原因所引起的，那么，把其中确认有因果联系的部分减去，则剩下的部分也必然有因果联系。

就前例来说，复合现象指天王星运行轨道的各处偏离（设为甲、乙、丙、丁四处偏离），复合原因指各行星对天王星的引力（设为A、B、C、D四颗行星）。通过观察，已经知道偏离甲由行星A所引起，偏离乙由行星B所引起，偏离丙由行星C所引起，那么剩下的部分，即偏离丁必为未知行星D所引起。

剩余法可用下述公式来表示：

已知复合现象 F(A、B、C)是被研究现象 K(a、b、c)的原因;

已知,B 是 b 的原因;

C 是 c 的原因;

所以,A 是 a 的原因(或部分原因)。

剩余法也是科学研究中常用的一种逻辑方法。比如,居里夫人对镭的发现就是运用这一方法的又一典型例子。居里夫人在对沥青铀矿的实验研究中,发现它所放出的射线比纯铀放出的强得多,纯铀不足以说明这种复杂现象,还有一个剩余部分,这剩余部分必然还有另外的原因(这原因必然存在于沥青铀矿中)。据此,她再反复研究,后来果然发现在沥青铀矿中还有一种新的放射性元素——镭。

可见,剩余法在运用过程中有着自己的特点,它只用来研究复合现象的原因,即研究由几个原因同时起作用而发生的那些现象的原因。并且,为了能运用剩余法来推导现象的原因,就必须首先知道某一复合现象的一部分乃是被研究现象中一部分现象的原因,因而剩余法不能成为研究现象间因果联系的最初的方法,它必须以前述几个方法所推出的结果为基础。

上面,我们一个个分别地介绍了这几种常用的判明现象因果联系的方法。这里还要补充说明的是,在实际思维过程中,在科学研究中,对这些方法的运用决不是一个个孤立进行的,往往是互相补充、交互为用的。另外,这些方法对于寻找现象的原因来说,是很初步的,对于现象间极其错综复杂的因果联系,单用这些方法去寻找原因是不够的。所以,决不能满足于、局限于运用这些方法,还必须在唯物辩证法的指导之下,以运用上述这些方法所获得的成果为线索,进一步深入地对所研究的现象进行具体分析,才有可能真正把握那些较为复杂的现象之间的因果联系。这一点也是我们必须经常注意的。

练习题

1. 下列推理属何种归纳推理?

(1) 铁在加热时就与硫化合,钢在加热时就与硫化合,锌在加热时就与硫化合,铅在加热时就与硫化合,锡在加热时就与硫化合。铁、钢、锌、铅、锡都是金属,所以,一切金属在加热时就与硫化合。

(2) 我国只有北京、天津、上海和重庆四个直辖市,北京人口超过 1000 万,天津人口超过 1000 万,上海人口超过 1000 万,重庆人口也超过 1000 万,因此,我国所有直辖市的人口都超过 1000 万。

（3）从井里向上提水时，当水桶还在水中时不觉得重，而水桶一离开水面就觉得很重；在水里搬运石头要比在岸上搬它轻得多；游泳时很容易托起另一个在水里的人。这些事实使我们得出结论：水对于在它里面的物体，一定有一种向上托起的力量，即浮力，因此，我们才会觉得物体在水中变轻了。

2. 下列结论能否借助于完全归纳推理得出？

（1）天下乌鸦一般黑。

（2）在阶级社会中，生产关系主要表现为阶级关系。

（3）月晕而风，础润而雨。

（4）在 24 和 28 之间没有质数（质数是仅能被自身和 1 整除的正整数）。

（5）春夏秋冬周而复始。

3. 分析下列各段论述，从中可推出什么结论？需要运用哪种归纳推理？

（1）用锯锯物，锯会发热；用锉锉物，锉也会发热；在石头上磨刀，刀会发热；用枪射击时，枪膛也会发热。

（2）硝酸钠能溶解于水，硝酸钾能溶解于水，硝酸铵能溶解于水，硝酸钙能溶解于水，硝酸钠、硝酸钾、硝酸铵、硝酸钙是硝石的全部类属。

（3）敲锣发声时，如用手指触锣面，会感到锣面在振动；用琴弓拉琴弦发声时，如纸条同发声的弦接触，纸条会被弦推动得跳动起来；人说话时，如用手去摸咽喉，也会觉得它在振动。

4. 下列结论是根据何种探求因果联系的逻辑方法得出的？

（1）萨克斯在 1862 年发现植物淀粉是由于叶绿素进行光合作用吸收二氧化碳，分解后与其他养料合成的。因为他发现，在其他条件相同时，如果日光被遮挡，则植物不能产生淀粉；但只要日光重临，淀粉便又立刻产生。

（2）1827 年，英国的植物学家布朗在用显微镜研究植物的花粉粒子浸在水中的形状时，发现这些粒子都在作不规则的运动。后来，他又发现植物叶子的微粒在水上也会运动，甚至如玻璃、烟灰、泥土等无生命活动的物体的微粒也会在水上作不规则的运动。经过三个月的反复试验和仔细观察后，布朗作出结论：凡是能漂在水上的微粒都会作不规则的运动。

（3）1892 年，英国科学家瑞利发现：从各种化合物中制取得到的氮气在标准状况下每升质量为 1.250 92 克，而空气中分离出的氮气在标准状况下每升质量为 1.257 13 克，他对此迷惑不解，求助于另一位科学家拉姆塞，他们共同提出设想：两者之差可能是由于空气中存在另一种未知元素，这种元素的密度比氮大。后来，他们经过实验果然发现了一种新的化学元素——氩。

（4）天文学家们通过对 1959 年以来观察到的现象的分析证明：大约在太阳活动加强、磁场产生扰动时，大气环流在两星期内便发生了改变。通常是当太阳活动加强时，大气环流的经向度加大，维持的时间增长，因此，冷空气的活动就显得频繁；反之，太阳活动减弱时，纬向环流加强,冷空气就不十分活跃了。由此便可得出结论:太阳活动的强弱是地球上气温升降的原因之一。

(5) 达尔文在研究动物和环境的关系时发现,不同类的动物如果生活在相同的环境里,常常呈现相同的形状。鲨鱼属于鱼类,鱼龙属于爬行类,海豚属于哺乳类,种类不同,但由于长期生活在相同的环境中,外貌很相似,身体都是菱形,都有胸鳍、背鳍和尾鳍。反之,同类的动物如果生活在不同的环境里,就有不同的形态,例如狼、鲸、蝙蝠都是哺乳类,由于生活条件不同,形态就不同,狼适于奔跑,鲸适于游水,蝙蝠适于飞翔。由此可知,生物的形态构造与其生活条件和环境有因果联系。

解题思路:

本章各个练习题都属较简单的辨别题,只要准确理解和掌握各种归纳推理的不同区别和特点,就不难得出各题的正确答案。如题1(2),我国直辖市只有北京等四个,自然可以运用完全归纳推理得出结论。题2(1),由于世界上(或者说整个地球上)的乌鸦虽然在理论上说总是有限的,但实际上是无限的,即人们是无法对其全部一一加以考察的,因而,只可能用不完全归纳推理、而不能用完全归纳推理得出结论。题3(3),所举各种现象,都表明声音是同某种振动相联系的,这可以用不完全归纳推理的科学归纳推理或求同法(探求现象因果联系的方法之一)得出结论:“声音是由于振动而引起的。”题4(4),题中举出:太阳活动强,冷空气活动频繁;太阳活动弱,冷空气就不太活跃。可见,太阳活动强弱同冷空气活跃与否有共变关系。故运用共变法即可得出结论:太阳活动强弱是气温升降的一个原因。

第九章

类比推理与假说

Chapter 9

第一节 类比推理

一、什么是类比推理

据科学史上的记载,光波概念的提出者荷兰物理学家、数学家赫尔斯坦·惠更斯曾将光和声这两类现象进行比较,发现它们具有一系列相同的性质,如直线传播、有反射和干扰等。又已知声是由一种周期运动所引起的、呈波动的状态,由此,惠更斯作出推论,光也可能有呈波动状态的属性,从而提出了光波这一科学概念。惠更斯在这里运用的推理就是类比推理。

可见,类比推理是根据两个或两类对象在某些属性上相同,推断出它们在另外的属性上(这一属性已为类比的一个对象所具有,在另一个类比的对象那里尚未发现)也相同的一种推理。

类比推理的结构,可表示如下:

A 有属性 a、b、c、d
B 有属性 a、b、c
所以,B 有属性 d

由于"属性"包括事物具有或不具有的性质,也包括事物之间所具有或不具有的关系,因此,按上述类比推理的定义和结构,类比推理主要有两种:性质类比推理与关系类比推理。

性质类比推理是根据两个或两类对象在某些性质上的相同或相似,又知其中一个或一类对象还具有另外一种性质,从而推知另一个或一类对象也具有这另外一种性质的类比推理。这是一般传统逻辑读物中主要介绍的一种类比推理。

关系类比推理是根据两个或两类对象之间的关系在某些方面(如 a、b、c、d 等方面)类似于另两个或两类对象之间的关系,现又知前两个或两类对象在另一方面存在关系,从而推知后两个或两类对象也在另一方面存在关系。这是一种以关系的相同或相似为根据而进行的类比推理。一般逻辑读物中对此介绍不多,但它在人们实际思维过程中也是经常运用的,因而也值得重视。

类比推理的客观根据是什么呢?在客观现实中,事物的各个属性并不是孤立的,而是相互联系和相互制约的。因此,如果两个事物在一系列属性上相同或相似,那么,它们在另一些属性上也可能相同或相似。客观事物属性之间的这种相互联系和相互制约的关系就是类比推理的客观根据。由于类比推理有其客观基础,因此,人们就可以应用类比推理作为一种方法去认识客观事物。

类比推理的结论是否可靠呢?这要看进行类比的两个或两类对象所具有的共同属性与类推属性(类比推出的结论所反映的属性)之间是否有必然的联系。如果有,用类比推理所得到的认识就是可靠的,否则就是不可靠的。由此可见,类比推理的结论只具有或然性,即可能真,也可能假。

由于运用类比推理所得到的认识,有时可能是不正确的,我们就应当进一步去验证它,不能将它当作完全正确的认识来加以运用。其次,我们还要特别注意,不能将两个或两类本质不同的对象,按其表面的相似来机械地加以比较并得出某种结论,否则就要犯机械类比的错误。

例如,基督教神学家们就曾用机械类比来"证明"上帝的存在。在他们看来,宇宙是由许多部分构成的一个和谐的整体,正如同钟表是由许多部分构成的和谐的整体一样,而钟表有一个创造者,所以,宇宙也有一个创造者——上帝。这就是把两类根本性质不同的对象,按其表面相似之处,机械地加以类比。这种类比显然是错误的,不合逻辑的。

二、提高类比推理结论的可靠性

为了使我们运用类比推理所得到的认识更加可靠,避免错误,我们应当尽可能从两类对象的较本质的属性上进行类比(类比属性较本质,说明类比对象在性质上更加近似,类比结论的可靠性也就较大),并且,尽可能找到类比的对象间较多的共同属性(类比对象的已知共同处越多,越能表明二者可能属于同一类对象,因而其结论的可靠性当然也就越大)。但是,也要明白,既然进行类比的是两类对象,它们总有不同之处。因此,当我们由两类对象在一些属性上相同而推出它们在另一属性上也相同时,这另一属性很有可能正好是它们两者的不同之处。在这种情况下,类比得出的结论就会是不正确的。

类比推理的结论虽然只具有或然性,但这种推理形式在人们的认识活动中还是具有重要作用的。在科学研究中,许多科学假说最初都是通过类比推理提出的。例如,我们在前面讲的惠更斯的光波概念最初就是应用类比推理提出的。又如,著名的英国生物学家达尔文曾将自然界的生物的进化与通过人工选择培育的生物相类比,得出了《物种起源》一书的理论结论。而富兰克林发明避雷针,则是因为他发现电动机的现象与闪电这一自然现象的相似。这些都表明类比推理的应用为科学研究和技术发明提供了重要的线索和可供进一步研究的假说。

类比推理是人们在日常思维活动过程中经常运用的一种思维形式。因为,人们在实践活动中,常常要借助某些已经认识的个别事物与其他相似的事物相比较,从它们之间已知的共同点出发,进一步判明它们在另一些方面的共同点,从而扩大人们的认识领域,从对某些特殊事物的认识过渡到对另一些特殊事物的认识。

第二节 假 说

一、什么是假说

假说，也叫假设，它是根据已掌握的事实材料和科学原理对某一未知事物及其发展规律所作出的一种推测性的说明。

人们在社会实践中，特别是在科学研究中，对客观事物及其规律的认识，总是要经历一个由现象到本质的复杂过程，并非是一下子就完全地认识某一事物的内在本质及其规律的。这样，人们就需要根据已掌握的材料和科学原理对所研究的事物作出某种假说，从而给人们的进一步研究提供某种方向和线索，然后再进一步去验证这一假说。如果验证的结果表明假说与事实相符，则假说成立；否则，该假说就不能成立，就需要对该事物作出新的解释，提出新的假说。这样，也就推动着人们认识活动的不断深入发展。

例如，浙东山区出产香榧，人们发现有些树长期不结实或者结实少，原因何在呢？对此，当地人的说法不一：有的说是被村里炊烟熏的；有的说生长在阴坡的树不易结果；有的说这与近几年的春天多雨或干寒有关；而另有两人则说这是雌榧没有受粉的缘故。这种种说法都是对于某些香榧树长期不结实或结实少所作出的推测性说明，即假说。后来，经过人们的检验证实，只有最后一种假说是成立的，前几种假说都是错误的。最后一种假说的提出和验证的过程是这样的：在提出假说前，有两个研究者对香榧树进行了认真考察，发现香榧树有两种——雄榧树和雌榧树，进而发现凡是离雄榧树近的雌榧树结实就多，离得远些的雌榧树结实就少或不结实。他们对这种现象进行了分析，认为之所以出现上述差异是由于前者容易接受花粉，后者则不易接受花粉，于是他们就提出了“某些雌榧树产量不高是由于这些雌榧树不易接受花粉所致”这一假说。随后，他们做了一次科学实验。他们在长期不结实的榧树林里选了 500 根雌榧开花的枝条，进行人工授粉，另外则选了 500 根枝条让它们自然授粉，最后还在一贯结实较多的雌榧树上选了 10 根开花的枝条，用玻璃纸套起来不予授粉。实验的结果是：人工授粉的有 1063 个胚珠发育，自然授粉的只有 52 个，而隔离不授粉的则一个胚珠发育的也没有。这样，他们的假说通过实验便得到了证实，假说得以成立。

可见假说具有以下三个显著特点：①具有推测的性质；②要有事实材料和科学知识的根据；③是人们的认识接近客观真理的一种方式。

二、假说的构成

假说的构成通常要经过以下五个步骤：

1. 通过观察所研究的某一现象的各种情况，占有该现象的各种事实材料。

2. 运用有关的科学知识对已占有的各种事实材料进行科学分析，提出假说，即作出引起这一现象发生的原因的假定。

3. 从假定的这一现象发生的原因推出其应有的结果，即如果这一原因存在，就会产生某些结果。

4. 验证所研究的某一现象的各种情况，是否符合这个假定的原因所应产生的结果，即看看这个假定的原因所应产生的结果在客观现实中是否存在。

5. 根据验证的结果作出最后的结论，如果所假定的原因被证实，则假说成立；否则就推翻，再重新假定，另立假说。

例如，某人因咳嗽、吐血、四肢无力，去医院请医生诊治。当医生接待这个病人后，总要通过假说推测病人产生上述症状的原因。通常的做法是：

第一步，通过问诊了解病人的病情、病史以及生活环境，再结合叩诊、听诊来掌握病人产生上述症状的各种情况。

第二步，根据病人的主诉和医生检查所得，结合有关的医学科学知识和临床经验，医生想了一想(分析)之后，提出假说：这个病人可能患有肺结核。

第三步，根据所作的假定——这个病人可能患有肺结核——来进行各种推论。如果病人患有肺结核，那么病人的肺部一定会有病灶，痰里可能有结核杆菌，血沉一定会加速等等。

第四步，医生根据上述的推论开出检查单，叫病人去放射科透视或拍片，看看肺部是否有病灶；去化验室查一下痰，看看痰里是否有结核杆菌；化验一下血，看看血沉的速度是否快。

最后，也就是第五步，医生根据检查的结果作出结论，如果所作的假定被证实，那么，假说就得以成立；否则原假说就被推翻，因而还得重新对病因提出假定，另立新的假说。

上述假说构成的五个步骤大体可区分为两个阶段：前两个步骤是假说的形成阶段，后三个步骤是假说的验证阶段。

三、假说的作用

假说在人们的认识活动中，特别是在科学活动中有着非常重要的作用。它是科学家们发现科学规律、创立科学理论的不可缺少的重要思维方法。正如恩格斯所指出的："只要自然科学运用思维，它的发展形式就是假说。一个新的事实一旦被观察到，对同一类的事实的以往的说明方式便不能再用了。从这一刻起，需要使用新的说明方式——最初仅仅以有限数量的事实和观察为基础。进一步的观察材料会使这些假说纯化，排除一些，修正一些，直到最后以纯粹的形态形成定律。如果要等待材料去纯化到足以形成定律为止，那就是要在此以前使运用思维的研究停顿下来，而定律因此也就永远不会出现。"①这种情况在社会科学领域里也同样存在着。

此外，假说在现代科学决策的制定过程中，也有着重要的作用。科学决策离不开科学预测，而科学预测实际上是一个提出假说和验证假说的过程。

但必须注意，假说也是有其局限性的。因为假说的成立并不等于就是科学真理。只要假说所反映的、推测的某种事实、原理和规律没有最终为实践所证实，假说就始终是假说，不能认为它是不可推翻的科学真理。因此，我们在充分估计假说在认识过程中的作用的同时，还必须看到它的这一特点和性质。所以，必须坚持以唯物辩证法为指导，运用科学原理，不断地在实践中对其加以验证和修正，使之能在更大程度上正确地反映客观事物及其规律性，并发展成为能经得起实践检验的科学原理。

练习题

1. 单项选择题。

(1) 类比推理是(　　)。

a. 必然性推理

b. 或然性推理

c. 有的是必然性推理，有的是或然性推理

d. 模态推理

(2) 类比推理与简单枚举归纳推理的区别之一在于(　　)。

a. 思维进程不同

b. 推理的有效性不同

c. 结论的性质不同

d. 前提与结论之间的联系性质不同

(3) 类比推理与简单枚举归纳推理的相同点之一在于(　　)。

① 《马克思恩格斯选集》第四卷，人民出版社 1995 年版，第 336—337 页。

a. 思维进程从一般到一般　　b. 前提不蕴涵结论

c. 思维进程从个别到一般　　d. 结论是模态命题

（4）假说的形成阶段提出初步假定运用的推理大多是（　　）。

a. 演绎推理和归纳推理　　b. 归纳推理和类比推理

c. 类比推理和演绎推理　　d. 模态推理和归纳推理

解题思路：

这部分题目只要准确把握类比推理和假说形成的特点即可正确作答。如题(3)：类比推理和简单枚举归纳推理的一个共同点在于：它们的前提都不蕴涵结论。故选择b项即可。

2. 下列推理是什么推理？是否正确？如不正确，指出其逻辑错误。

（1）太阳是上帝创造用以照亮地球的。我们总是移动火把去照亮房子，决不会移动房子去让火把照亮。因此是太阳绕地球转，而不是地球绕太阳转。

（2）在施旺和施莱登分别发现了动物和植物的机体都是由细胞组成之后，施莱登又在植物细胞中发现了细胞核，而且研究了细胞核与细胞其他部分的关系。施莱登把自己的结果告诉了施旺。施旺想起，如果动物和植物的机体的相似不是表面的而是实质的，那么动物的细胞一定也会有细胞核，后来他用显微镜观察，果然在动物的细胞中发现了细胞核。

（3）我们学校的运动会是一个学校的运动会。如果一个学校的运动会要一个学校的全体人员参加开幕式，那么，奥林匹克运动会是全世界的运动会，岂不是要全世界所有的人都参加开幕式吗？

（4）这个学生又迟到了。他的这个毛病，就像出了窑的砖，已经定型了，改不掉了。

解题思路：

本题只要正确理解和把握类比推理的特点及其易引起的逻辑错误，即可正确解题。如题(1)，其结论是用类比推理得出的，但这却是一个不正确的类比推理。因为，它仅仅根据“照亮”这一现象的相似，就对两类性质根本不同的对象进行牵强比附而得出结论。这是犯了机械类比的错误。

3. 根据假说的形成过程，对下面两个实例进行逻辑分析。

（1）某省农科所从1954年开始研究褐飞虱。当时，人们都相信日本著名昆虫学家村田藤七的研究结论是正确的，认为褐飞虱可能是成虫或幼虫过冬。参加这次研究工作的人员着手进行搜集成虫的工作。有一天，他们来到曾发现有虫的地方，望着水边的游草出神，心想，这些虫下雪前有，下雪后就没有了。如果是成虫或幼虫过冬的话，那总有个地方安身。他们提出一个新设想：也许褐飞虱是以卵过冬？如果是以卵过冬，又到哪里去找虫卵呢？……他们想起下雪的前几天，很多成虫还在游草里，而这种虫喜欢在温度较高的田间生长，要是把这些游草移入养虫室培养，提高温度孵化出虫来，不就可以证明是以卵过冬吗？于是他们在原来观察的地方扯了一些游草移到温室内，适当地提高温度并增加湿度，进行孵化试验。大约10天后，发现了一个幼虫，……又过了几天，大批成虫出现了。到这时，他们才肯定他们的设想是对的。这种害虫过冬的秘密就这样被揭开了。

(2) 1978年11月11日下午，在远离北京市区25公里外的金盏公社田间土路旁，发现了一具女尸。

公安人员听到报案后，立即赶到现场，进行了紧张的勘察，细心寻找能够帮助破案的蛛丝马迹。天黑以后，他们仍然不顾疲劳和饥饿，在汽灯下继续工作。

根据现场勘察和技术鉴定报告的分析，这是一起凶杀案。死者是25—26岁的女青年，曾被强奸，头部有39处伤。死者右手小指骨折，系抵抗伤。尸体附近没有大量血迹和搏斗的痕迹。死亡不到24小时，从伤痕的形状分析，凶器可能是一把直径约2.5厘米的圆形铁锤。死者的姓名和身份不明。

公安人员的目光落到从死者衣袋里取出的一团被水浸泡得快成纸浆的卫生纸上。经过细心地烘干、平整、复原，发现里面有一封从牡丹江拍往北京的电报底稿，发报人是李某。

这是一个重要线索！

根据发报底稿所提供的姓名和地址，两名公安人员专程到黑龙江省兴凯湖农场调查，证实了死者就是拍发那份电报的李某。她是一位勤恳老实、作风正派的上海支边知识青年，11月9日从牡丹江乘车，途经北京，准备回上海结婚。她随身带了两个旅行袋。在一个方形背包里除了衣物外，还有用牡丹江牌白塑料桶装的豆油。死者的另一个旅行袋已在11月11日被一个小学生在离现场5公里远的三岔河里拣到。后来，又在河里钩上来一个背包，包里有死者的遗物。这证明，凶手确实曾经到此销赃灭迹。凶手究竟是谁？

现场有几十个脚印，经向去过现场的人调查，无关的足迹一个个被排除了，只有死者身边的几个只穿袜子的奇怪脚印，没有查明是谁的。这很可能就是凶手留下的足迹。从足迹分析，凶手应是个身高约1.7米的中年男人。

狐狸再狡猾也斗不过好猎手。机智勇敢的公安人员，以高度负责的精神，提出了一个一个的问题，又根据调查的情况，一个一个地作出了准确的判断。最后终于抓住了杀人凶手，并根据法律使罪犯受到了应得的惩罚。

解题思路：

本题题(1)要求用假说的形成过程分析和揭示严重危害水稻生长的害虫——褐飞虱过冬的秘密。为此，必须首先正确掌握假说的形成以及验证过程，并按此对题设进行具体分析。其大体步骤是：

1. 首先，是到曾经发现有褐飞虱的地方去观察和搜索成虫，以便占有相关的事实材料。由于在雪后没有见到任何一只成虫或幼虫，所以对日本昆虫学家的结论产生了怀疑。

2. 根据有关昆虫过冬的科学知识，分析过去和当前观察到的事实。在原有理论和观察事实不相符合的情况下，提出了新的设想即假说：褐飞虱可能是以卵过冬。

3. 按以卵过冬的设想即假说作出推论：如果是以卵过冬，则卵必有一个安身之处。考虑到下雪前很多成虫还在游草里,而这种虫又喜欢在温度较高的田间生长,据此提出如果把这些游草移入养虫室内,并提高室内温湿度,就会孵化出幼虫来。

4. 于是,按此对以卵过冬的设想进行验证:进行孵化试验。

5. 大约过了十来天,发现幼虫孵出,又过了几天,大批成虫出现。设想即假说被证实,假说得以成立。

其中,第1、第2步是假说的形成阶段,后3个步骤是假说的验证阶段。

第十章

形式逻辑的基本规律

第一节 形式逻辑基本规律概述

我们在第一章中曾经指出,形式逻辑是以思维形式为主要研究对象的科学。因此,形式逻辑的规律乃是在思维形式中起作用的逻辑规律。思维形式的运用是否准确,就看它是否符合思维形式的逻辑规律。关于在各种思维形式(如概念、判断、推理等)中分别起作用的特殊的逻辑规则和规律,我们已经在此前各章里分别进行过讨论。本章主要讨论形式逻辑的基本规律,即同一律、矛盾律和排中律。①

为什么说这三条逻辑规律是形式逻辑的基本规律呢?主要理由是:首先,任何正确的思维都是以确定性、无矛盾性和明确性为其基本逻辑特征和逻辑要求的,而正确思维的这些特征和要求正是由这三条基本的逻辑规律所决定的,是这三条规律起作用的结果。譬如,思维的确定性表现为概念、判断的自身同一,这主要是同一律所决定的;思维的无矛盾性表现为思想的前后一贯,不自相矛盾,这主要是矛盾律所决定的;思维的明确性表现为在两个互相矛盾的思想之间排除中间可能性,不能模棱两可,这主要是排中律所决定的。因此,遵守这三条基本规律是保证我们思维具有确定性、无矛盾性和明确性的基本条件,是正确思维的最起码的要求。其次,这三条基本规律较之形式逻辑的其他规律(非基本的)在思维形式中具有较普遍的适用性和有效性。同时,这三条逻辑规律对于各种特殊的逻辑规则和规律而言有着一定的制约作用。也就是说,各种思维形式的具体规则和规律均直接或间接地源于这三条规律。

这些基本的逻辑规律虽然只是逻辑思维的规律,只是在逻辑思维过程中起作用,但它们并不是先验的,也不是约定俗成的。思维的逻辑规律是人类在长期的思维实践中概括和总结出来的,"是客观事物在人的主观意识中的反映"②。形式逻辑的基本规律当然也不例外,它们也是客观事物中某种最普遍的性质和关系在人的主观意识中的一种能动的反映。具体一点说,客观事物在其发展过程中的相对稳定性和质的规定性,就是同一律、矛盾律和排中律的客观基础。正因为如此,形式逻辑的基本规律对于思维形式才具有一种规范和制约的作用,遵守形式逻辑基本规律的要求,就成为正确思维的一个必要条件。

---

① 关于"充足理由律",本书则作为逻辑论证的基本原则放在"论证"一章中去介绍。

② 《列宁全集》第五十五卷,人民出版社 1990 年版,第 154 页。

第二节　同　一　律

一、同一律的基本内容

同一律的基本内容是：任何一个思想与其自身是等同的。

同一律的公式是：A 是 A，或者：如果 A，那么 A。

公式中的 A 可以表示任何思想，即可以表示任何一个概念或词项、任何一个判断或命题。因此，这个公式是说：A 这个思想就是 A 这个思想，或者：如果是 A 这个思想，那么，它就是 A 这个思想。任一思想都有其确定性。

比如，任何一个概念都有其确定的内涵和外延，是这个概念就是这个概念，而不是别的概念。任一判断或命题都有其确定的判断或命题内容，是这个判断或命题就是这个判断或命题，而不是别的判断或命题。

二、同一律的逻辑要求以及违反同一律要求的常见逻辑错误

同一律的逻辑要求是：在同一思维过程中，一个思想必须保持其确定和同一。

具体一些说，这个要求包括两方面的内容：第一，在同一思维过程中，每个思想都必须是确定的；第二，在同一思维过程中，每个思想前后应当保持一致。

从概念方面来说，同一律要求：每一个概念必须是确定的，如果它反映某种对象，它就反映某种对象。比如“国家”这个概念，既然它是反映国家这一类对象的概念，那么它就具有确定的内涵和外延。它不能同时既反映又不反映国家这类对象。否则，“国家”这个概念就没有确定的反映对象，从而它对于人们也就会变得无法理解。同时，在运用“国家”这个概念进行思考的过程中，它的内涵、外延也必须前后保持一致；不然的话，思维就会发生混乱。

再从判断方面来说，同一律要求：一个判断断定了什么事物情况，它就断定了什么事物情况，同一个判断前后的断定应当一致。例如，断定“语言是社会现象”就是断定语言具有社会现象的性质，断定“语言不是上层建筑”就是断定语言不具有上层建筑的性质。同时，在思维过程中，这些判断前后的断定也应当保持同一；否则，这些判断就会发生歧义，甚至变得不可理解。

推理和论证是由概念和判断构成的。同一律在推理和论证中的普遍有效性，

同它在概念和判断中的情况一样。也就是说,任何一个正确的推理或论证都必须遵守同一律的要求。我们看下面两个推理:

(1) 凡金属都是导电体;
铜是金属;
所以,铜是导电体。

(2) 凡真理都是不怕批评的;
数学定理是真理;
所以,数学定理是不怕批评的。

这两个推理无疑都正确。因为它们之中的每个概念都有其确定的反映对象,而且前后始终保持着自身的一致。因此,它们符合同一律的要求。

以上的例子还告诉我们,由于概念是通过语词、判断是通过语句来表达的,而推理和论证则是通过一组有联系的语句来表达的,因此,从语言方面来说,同一律要求:如果一个语词(词项)表达了某个概念,它就表达这个概念;如果一个语句表达了某个判断,它就表达这个判断。总之,同一律要求语词或语句在特定的语言环境下,保持确定的含义,即都应当表达确定的概念或判断。否则,就会犯违反同一律要求的逻辑错误。

违反同一律要求的逻辑错误主要有两种:混淆或偷换概念和混淆或偷换论题。

混淆或偷换概念就是在同一思维或论辩过程中,把两个不同的概念这样或那样地混淆或等同起来,从而将一个概念变换为另一个概念。例如,鲁迅先生在《"有名无实"的反驳》这篇杂文中,就曾批评过当时国民党军队的一位排长由于不懂逻辑而把"不抵抗将军下台"同"不抵抗主义下台"混为一谈的错误。该文写道:"这排长的天真……他以为不抵抗将军下台,'不抵抗'就一定跟着下台了。这是不懂逻辑:将军是一个人,而不抵抗是一种主义,人可以下台,主义却可以仍旧留在台上的。"[①]这就是说,这位排长的"天真"在于不懂得"不抵抗将军"与"不抵抗主义"是两个不同的概念,而把它们等同和混淆起来。这就是一种混淆概念的逻辑错误。

再如,某报载小品文一则,讽刺一些恋人的"向钱看":

小伙子:"你老是要这要那,不怕人家说你是高价姑娘吗?"

姑娘:"怕什么?! 裴多菲都说了,'生命诚可贵,爱情价更高'嘛,价钱低了行吗?"

显然,这位答话的姑娘太不自尊自爱了,而且还故意偷换概念。我们知道,所谓"高价姑娘"的"价",是"价格"的"价",是贬义。人们是用"高价姑娘"来贬斥那些

① 《鲁迅全集》第五卷,人民文学出版社 2005 年版,第 157 页。

把爱情当商品加以买卖的姑娘。而裴多菲诗中“爱情价更高”的“价”是“价值”的“价”,是褒义,它赞美真正的爱情比生命还要宝贵。因此,同一个语词(“价”)表达的是不同的概念,但上述答话的姑娘却故意将它们混同起来,用前者偷换后者,这是一种明显的违反同一律要求的逻辑错误。

混淆或偷换论题是在论证中常见的一种逻辑错误。这种错误是在论证过程中把两个不同的论题(判断或命题)这样或那样地混淆或等同起来,从而用一个论题去代换原来所论证的论题。比如,有人在讨论中学生需不需要学习地理时讲过下述这样一段话:

> “我以为中学生没有必要学习地理。某个国家的地形和位置完全可以和这个国家的历史同时学习。我主张可以把历史课和地理课合并,这样对学生是方便的。因为,这样做所占的时间较少,而获得的效果却很好。否则就会这样:这个国家的地理归地理,而它的历史归历史,各管各,不能互相联系起来。”

从这段话里不难看出:谈话者最初提出的论题是“中学生没有必要学习地理”,而随后所论述的却是另一个论题“可以把历史课和地理课合并”。显然,谈话者是把后一个论题与前一个论题混淆起来了,因而他就自觉或不自觉地违反同一律的逻辑要求,没有保持论题的确定与同一,用后一个论题去偷换了前一个论题。这就是一种混淆或偷换论题的逻辑错误。

三、同一律的作用

同一律在思维或论证过程中的主要作用在于保证思维的确定性。而只有具有确定性的思维才可能是正确的思维,才能正确地反映客观现实,人们也才能进行思想交流。否则,如果自觉或不自觉地违反同一律的逻辑要求,混淆概念或偷换概念、混淆论题或偷换论题,那就必然会使思维含混不清、不合逻辑,既不能正确地组织思想,也不能正确地表达思想。因此,遵守同一律的逻辑要求乃是正确思维的必要条件。

当然,也必须指出,同一律只是逻辑思维的规律,它只是在思维领域中起作用。它固然要求人们在思维过程中保持思想的确定和同一,但这绝不意味着同一律要求把思维的对象、客观事物看作是某种永远确定、永远不变的东西;这也绝不意味着形式逻辑把思想、思维形式(如概念、判断)看作是某种永远确定不变的东西。我们知道,把客观事物或反映客观事物的思想、思维形式(如概念、判断)看作是某种绝对不变的东西,乃是形而上学的观点。形而上学与形式逻辑的同一律是有着原则区别的,我们决不能将两者混为一谈。

第三节 矛 盾 律

一、矛盾律的基本内容

矛盾律的基本内容是：在同一思维过程中，两个互相矛盾或反对的思想不能同时是真的。或者说，一个思想及其否定不能同时是真的。

矛盾律的公式是：并非(A 而且非 A)。

公式中的“A”表示任一命题，“非 A”表示与 A 具有矛盾关系或反对关系的命题。因此，“并非(A 而且非 A)”是说：A 和非 A 这两个命题不能同真，亦即其中必有一个命题是假的。

比如，“甲班所有学生都学英语”与“甲班有的学生不学英语”、“这是一所学校”与“这不是一所学校”，就是分别包含具有矛盾关系的两个命题的两组命题。每一组命题中的两个命题，由于互相矛盾，因而不可能同时都是真的，其中必有一个是假的。如果“甲班所有学生都学英语”为真，则“甲班有的学生不学英语”必定为假；反之亦然。

二、矛盾律的逻辑要求以及违反矛盾律要求常见的逻辑错误

矛盾律的逻辑要求是：对于同一对象不能同时作出两个互相矛盾的断定，即不能既肯定它是什么，又否定它是什么。换句话说，矛盾律要求在同一思维过程中，思想必须前后一贯，不能自相矛盾。

违反矛盾律要求的逻辑错误，称做自相矛盾或逻辑矛盾。

关于思想的逻辑矛盾，我国战国时代的思想家韩非子曾经讲过这样一个故事：有一个卖矛(长矛)和盾(盾牌)的人，先吹嘘他的盾如何坚固，说：“吾盾之坚，物莫能陷。”过了一会，他又吹嘘他的矛是如何锐利，说：“吾矛之利，物无不陷。”这时旁人讥讽地问：“以子之矛，陷子之盾，何如?”卖矛与盾的人无言以答了。因为当他说“我的盾任何东西都不能刺穿”时，实际上是断定了“所有的东西都是不能够刺穿我的盾的”这个全称否定命题；而当他说“我的矛可以刺穿任何东西”时，实际上又断定了“有的东西是能够刺穿我的盾的”这一特称肯定命题。这样，由于他同时肯定了两个具有矛盾关系的命题，因而就陷入了“自相矛盾”的境地。

从命题方面看，如果对于两个互相矛盾的命题同时给予肯定，或者说，如果对

同一对象同时作出两个互相矛盾的断定，那么就必然会产生逻辑矛盾。如：既断定“美育是关于审美与创造美的教育”，又断定“美育不是关于审美与创造美的教育”，那么就必然陷入自相矛盾之中，因为这两个互相矛盾的判断不能同时为真。

从语言方面看，在遣词造句时，如果给反义词同时赋予同一主语，那就会发生文字上的矛盾。这种文字上的矛盾也必然会导致思想上的逻辑矛盾。我们看下面两个例句：

他是多少个死难者中幸免的一个。

船桨忽上忽下拍打着水面，发出紊乱的节奏声。

前一句中的所谓“死难者”指的是已经死去的人，而“幸免的一个”则指没有死去的人。这样，“他”既是“死难者”，又是“幸免的一个”，这是自相矛盾的。后一句中的“紊乱”和“节奏声”也是自相矛盾的。因为“紊乱”就肯定不是有节奏的，而“节奏声”就肯定不会是紊乱的。所以，这两个句子都因包含逻辑矛盾而不合逻辑。

三、矛盾律的作用

矛盾律的主要作用在于保证思维的无矛盾性即首尾一贯性。而保证思维的前后一贯性，乃是正确思维的一个必要条件。列宁曾经指出：“‘逻辑矛盾’——当然在正确的逻辑思维的条件下，——无论在经济分析中或在政治分析中都是不应当有的。”[①]在日常的议论中或在科学理论中也不应当有逻辑矛盾。因为如果一个议论或一种科学理论中包含着逻辑矛盾，那它就不可能被认为是正确的，也就不可能为人们所接受。

但也必须指出，矛盾律和同一律一样，只是思维过程中的一条规律，它只能在思维领域中起作用。矛盾律只是要求排除思维中的逻辑矛盾，但是它绝不否认或要求排除各种现实矛盾或思想体系间的矛盾。因为逻辑矛盾与现实矛盾或思想体系间的矛盾有着本质的区别。现实矛盾是客观事物自身所固有的矛盾，即事物自身所包含的对立面的统一和斗争。两个思想体系之间的矛盾，是指意识形态中所存在着的对立面的统一和斗争。这两种矛盾都是客观存在着的，不管人们承认不承认，愿意不愿意，它们总是实际存在着的。这种矛盾是不能避免的，更不能人为地加以“排除”。而逻辑矛盾则是思维过程中由于主观思维的错误而产生的矛盾，它是主观思维对客观现实矛盾的一种歪曲的反映，是人们主观臆造的矛盾。如果不排除思维中的逻辑矛盾，那么人们也就不能如实地反映客观存在的现实矛盾。因此矛盾律并不否认客观矛盾，它只是要求排除那种歪曲反映客观矛盾的逻

① 《列宁全集》第二十八卷，人民出版社 1990 年版，第 131 页。

辑矛盾。由此可见,形式逻辑矛盾律同唯物辩证法的矛盾论并不互相排斥,而是一致的。矛盾律并不否认客观矛盾,而辩证思维也不容许存在逻辑矛盾。但是,如果像某些人那样,把形式逻辑矛盾律所要求的排除逻辑矛盾的观点解释成似乎是否认客观事物本身所固有的矛盾,这就会使它变成一条形而上学的原则。这当然是完全错误的。

第四节　排　中　律

一、排中律的基本内容

排中律的基本内容是：在同一思维过程中，两个互相矛盾的思想不能同时是假的。

排中律的公式是：A或者非A。

公式中"A"和"非A"表示两个互相矛盾的命题。因此，这一公式是说：任一命题A及其矛盾命题非A不可能同时都是假的。或者A真，或者非A真，两者必居其一。

例如，"有的事物不包含矛盾"与"所有事物都包含矛盾"就是两个互相矛盾的命题。如前一命题假，则后一命题必真；如后一命题假，则前一命题必真。两个命题绝不可能同假，其中必然有一个是真的（事实上后一命题为真）。

二、排中律的逻辑要求以及违反排中律要求常见的逻辑错误

排中律的逻辑要求是：对于两个互相矛盾的判断，必须明确地肯定其中之一是真的，不能对两者同时都加以否定。换言之，对于是非问题必须作出明确的回答。否定了其中的一个，就必须肯定另一个。对于两个互相矛盾的命题，如果有人既不承认前者是真的又不承认后者是真的，或者说，如果有人既认为前者是假的又认为后者也是假的，那么此人的思想就陷入了我们习惯所说的"模棱两可"之中（实际上应该叫做"模棱两不可"）。模棱两可是一种常见的违反排中律要求的逻辑错误。

所谓模棱两可，就是在两个互相矛盾的命题之间，回避作出明确的选择，不作明确的回答，既不肯定，也不否定。比如，在一次讨论古典文学名著《红楼梦》的会议上，出现了两种互相矛盾的意见：一种意见认为《红楼梦》是一部杰出的古典文学名著；另一种意见认为《红楼梦》说不上是一部古典文学名著。主持会议的人在作讨论小结时表态说："我不同意第一种意见，但也难以同意第二种意见。"即对上述两种互相矛盾的意见都加以否定。这显然是一种违反排中律要求的逻辑错误。

总之，排中律要求对于两个互相矛盾的思想必须明确肯定其中之一是真的，要求对是非问题必须表示明确的态度：赞成什么，反对什么。企图回避对原则性或实质性问题作出明确的答复，或采取含糊其辞、模棱两可的回答，都是违背排中律要求的。

三、排中律的作用

排中律的主要作用在于保证思想的明确性。而思想的明确性也是正确思维的一个必要条件。

但必须指出,排中律也只是逻辑思维的规律,它只要求在两个互相矛盾的思想中作出非此即彼的明确选择。因为在一定的论域内,真理总是属于两个互相矛盾的思想中的一个,而不可能属于第三者。但是,它丝毫不涉及客观事物在发展过程中有无过渡性间体的问题,也不存在否认客观事物之间的过渡和转化的问题。如果把排中律关于在两个互相矛盾的思想中排除中间可能的要求,解释为仿佛它否认客观事物在发展过程中存在着过渡性间体,或否认客观事物之间的过渡和转化,就是形而上学的观点,也是对排中律的曲解。比如,生物中的眼虫,既具有动物特征又具有植物特征,是介于动植物之间的一种中间过渡性的生物。排中律并不否认、也不能否认其客观存在。但是,根据排中律要求,在"动植物之间存在着中间过渡阶段"与"动植物之间不存在中间过渡阶段"这两个互相矛盾的命题当中,必须承认其中必有一真,不能认定其同假。在"眼虫有某些动物(或植物)特征"与"眼虫没有某些动物(或植物)特征"这两个互相矛盾的命题之中,同样是必有一真,不能同假。如果我们对两个互相矛盾的命题都加以否认,那就违反了排中律的逻辑要求。

总之,同一律、矛盾律和排中律都是保证人们的思维具有确定性的规律。同一律要求在同一思维过程中,思想要保持自身同一;矛盾律要求在同一思维过程中,对同一个思想不能既肯定它又否定它,要求思想前后保持一贯、无矛盾;排中律则要求在同一思维过程中,对两个互相矛盾的思想应当明确地肯定其中之一是真的,不能含糊其辞,不能模棱两可。即使是在辩证思维的过程中,在运用辩证法规律分析事物的矛盾时,也同样需要遵守这些逻辑要求。因为在分析事物的矛盾时,总要运用概念、判断、推理这些思维形式。而只要运用这些思维形式,思维就应合乎这三条逻辑规律的要求。当然我们也必须从辩证唯物主义的观点来认识这三条思维规律:第一,这三条思维规律具有客观基础,是事物相对稳定性的反映,而不是主观自生的,也不是先验的。第二,不能把这三条思维规律与形而上学世界观等同起来,从而误认为这三条规律断定了事物的不变性,否认了事物内部包含的矛盾。最后,在遵照这三条规律进行思维时,我们还必须以唯物辩证法为指导,即必须从全面和发展的观点去考虑问题。只有在唯物辩证法的指导下,自觉遵守形式逻辑的这三条思维规律,才能正确地、如实地反映现实矛盾。因此我们才说,遵守同一律、矛盾律和排中律这三条思维规律只是我们正确思维的一个必要条件,而不是充分条件。

练习题

1. 填空。

（1）违反三段论规则的“四概念”的错误，从逻辑规律的角度看，是一种违反________律要求的逻辑错误。

（2）根据形式逻辑基本规律中的________律，已知 SIP 为假，则 SEP 为真。

（3）根据形式逻辑基本规律中的________律，若“如果认真学习，就能考得好成绩”为真，则“即使认真学习，也不能考得好成绩”为假。

（4）根据形式逻辑基本规律中的________律，若“老王是党员而不是干部”为假，则充分条件假言判断________________为真。

解题思路：

形式逻辑的基本规律是在各种思维形式中起作用的逻辑规律，因此，本章的所有练习题，都是结合思维的各种形式、特别是推理而拟题的。就本题（填空）的题（1）而言，为了正确答题，就不仅需要准确把握三条基本规律的内容及其逻辑要求，还要懂得什么是违反三段论规则的“四概念”的错误，明确“四概念”错误主要是在三段论的前提中出现的，而且主要是中项在前提中未保持同一，同一个语词表达的是两个不同的概念。这样才能正确地回答：“四概念”的错误是违反同一律要求的逻辑错误。

2. 单项选择题。

（1）如否定 $p \wedge q$ 而肯定 $p \vee q$，则（　　）的要求。

a. 违反同一律　　b. 违反矛盾律

c. 违反排中律　　d. 不违反逻辑基本规律

（2）在以下断定中，违反逻辑基本规律要求的是（　　）。

a. SAP 真且 SOP 假　　b. SEP 真且 SOP 假

c. SIP 假且 SAP 假　　d. SOP 真且 SIP 假

（3）在下列断定中，违反逻辑基本规律要求的是（　　）。

a. 某关系不是对称的，也不是非对称的

b. 某关系既是非对称的，又是反对称的

c. 某关系不是对称的，也不是传递的

d. 某关系不是对称的，而是反对称的

（4）对“如果灯亮，那么有电”和“如果灯不亮，那么无电”这两个判断同时加以肯定，则（　　）的要求。

a. 只违反矛盾律

b. 只违反排中律

c. 既违反矛盾律又违反排中律

d. 既不违反矛盾律又不违反排中律

(5) 若同时否定“必然 P”和“可能非 P”,则(　　)的逻辑要求。

a. 违反同一律　　b. 违反矛盾律

c. 违反排中律　　d. 不违反逻辑基本规律

解题思路:

本题除了要求正确掌握基本规律的知识外,还需正确理解各种复合命题之间的真值关系,以及四种直言命题之间的对当关系、各种关系命题的逻辑性质,等等。以题(1)为例,就必须懂得“$p \wedge q$”和“$p \vee q$”之间的真值关系。由于 $p \wedge q$ 的否定即负命题为“并非 $p \wedge q$”,而与之等值的命题为“$\bar{p} \vee \bar{q}$”,它与题目所肯定的命题“$p \vee q$”并不违反逻辑基本规律的要求(因为“$\bar{p} \vee \bar{q}$”与“$p \vee q$”虽然在 p、q 赋值皆为真或假时,二者是相互矛盾的,但在它们赋值为一真一假时,二者皆为真,并不互相矛盾),故可选择选项 d 填入(　　)中即可。

3. 下列各题有无错误?如有错误,指出它违反了哪条逻辑规律的要求。

(1) 他在 20 世纪里活了 100 多岁。

(2) 我基本上完全同意他的意见。

(3) 价值规律是永恒的历史范畴。

(4) 南极海岸地带,鸟的种类虽然少,但鸟却很多。

(5) 我是不赞成背诵的,但也不赞成不背诵,我认为适当的背诵也是必要的。

(6) 这些出土陶器上的花纹,已具有文字的性质,但还不能算是文字。

(7) 如果大家都动手大搞卫生,那么我们的健康和疾病就有保障了。

(8) 鲁迅的小说不是一天能读完的,《祝福》是鲁迅的小说,所以《祝福》也不是一天能读完的。

(9) 当有人说欧谛德谟说谎时,他狡辩说:“谁说谎,谁就是说不存在的东西;不存在的东西是无法说的,因此没有人说谎。”

(10) 火星上或者有人类存在或者没有人类存在,但我不能断定火星上有人类存在是真的,还是火星上没有人类存在是真的。

解题思路:

要正确回答这些问题,必须仔细分析各个语句所表述的内容是否有不符合基本规律要求之处。如有,要准确地指出它是违反了哪一条规律的要求。如题(1)的一句话显然有错,因为一个世纪只有 100 年,而这句话却说“他在 20 世纪里活了 100 多岁”,这样一来,在这句话中既肯定一世纪只有 100 年,又肯定了“在 20 世纪里”可以多出 100 年。于是“A 是非 A”,这就违反了矛盾律的逻辑要求,犯了自相矛盾的逻辑错误。再如题(7),“健康”和“疾病”是两个语义相反的语词，表达的即是两个互相矛盾的概念，但在这句话中，对二者同时予以“保障”，自然也就违反了矛盾律的逻辑要求，犯了自相矛盾的错误。

4. 下列问答是否符合逻辑规律的要求？如不符合，请指出错误所在。

(1) 下面是逻辑学教师与学生的一段对话：

教师问：“形式逻辑的研究对象是什么？”

学生答：“弄清形式逻辑的对象很重要，它有助于我们懂得遵守逻辑规律的要求是正确思维的必要条件，也有助于我们逐步提高自己的逻辑思维能力，提高思维的效率。”

(2) 下面是甲、乙两人的一段对话：

甲：“照你这样说，就没有信念之类的东西了？”

乙：“没有，根本就没有。”

甲：“你是这样确信的？”

乙：“对。”

(3) 小孙、小李两人都在自学《形式逻辑》这本书，两人在一起交流学习情况。

孙问：“你已经把《形式逻辑》这本书通读了一遍，是吗？”

李答：“谁说我已经通读了一遍？”

孙问：“这么说，你还没有把这本书通读过？”

李答：“我也没说我没有通读过。”

(4) 下面是金朝人王若虚的一段话。

或问：“文章有体乎？”

曰：“无。”

又问：“无体乎？”

曰：“有。”

“然则果如何？”

曰：“定体则无，大体须有。”

解题思路：

解答这类题目的关键，是要分析下列各组对话中，有否违背基本逻辑规律要求之处。如有，则要具体分析和指出其错误所在。如题(1)，学生的回答明显是答非所问。老师问的是“形式逻辑的研究对象是什么”，而学生的回答却是大谈弄清形式逻辑对象的重要性。这是违反同一律的逻辑要求而产生的一种转移或混淆论题的逻辑错误。

5. 用逻辑基本规律知识，解答下列问题。

(1) 小说《第二十二条军规》有一条军规规定：如果飞行员被医生断定有精神病，他可以不参加作战飞行；在退出作战以前，他本人应当提出不参加战斗的理由；而假如他意识到自己有病不能参加战斗，那就证明他头脑健全，没有精神病。

试分析上述军规中存在的逻辑错误。

(2) 下面这个争论,你有办法解决吗?

两个猎人在打猎时看到一只松鼠,松鼠在树上盯着他们看。他们决定围绕着松鼠走一圈,但随着他们按圆周移动时,松鼠也在移动,而且一直用正面面对着猎人,始终用眼睛盯着他们两人,就这样一直移动到他们走回原来的地方时为止。

有人问:两个猎人到底围绕松鼠走了一圈没有?

其中的一个猎人断定是走了一圈,因为他们围绕松鼠在地上画了一个圆圈,而另一个猎人则不同意此说,因为他认为:假如他们真的绕松鼠走了一圈的话,那就理应从前后左右各个角度都看到了松鼠,可是他们现在仅仅只看到了松鼠的正面,没有看到松鼠的背面和侧面。

(3) 分析下面的议论,指出其中的逻辑错误。

古希腊著名诡辩论者普罗塔哥拉有一个学法律的学生,名叫欧提勒士,师生曾商定学费分两期交付,第二期学费规定在欧提勒士出庭第一次胜诉之后交付。但欧提勒士在学成后,一直没有出庭,故他也就一直不付第二期学费,于是,普罗塔哥拉决定向法庭起诉,要欧提勒士付款。他对欧提勒士说:“如果你在我们的案件中胜诉,你就应当依照我们的商定付款;如果你败诉,你就必须依照法院的判决付款;你或者胜诉或者败诉,总之你都得付给我应付之款。”欧提勒士回答他说:“如果我胜诉,则依法庭判决我不应付给你款;如果我败诉,则依照我们的商定,我也不应付给你款;所以,不管我胜诉或败诉,我都不应付给你所要之款。”

(4) 某地足球赛经过预赛和复赛后,甲、乙、丙、丁四个队进入半决赛。体育爱好者小张、小陈、小徐和小唐在一起推测这四个队中哪个队能在即将来临的半决赛和决赛中胜出,从而获得冠军。

小张认为,甲队在预赛和复赛中险胜,因此甲队将不是冠军。

小陈说,丁队队员年轻,拼劲足,技术进步快,加上教练员足智多谋,善于调兵遣将,因此比赛结果将是以新手为主的丁队夺得桂冠。

小徐则确信,乙队队员讲究配合,全队攻守平衡,所以,乙队将夺魁。

小唐表示,除了丁队以外,其余三队都有可能夺冠,因为丁队队员比赛经验不足。

半决赛、决赛的情况表明,他们四人中只有一个人的预测是正确的。请问,这四个队中哪个队夺得冠军?

如果半决赛、决赛的情况表明他们四人中只有一人猜测错了,那么冠军又属于哪个队?

(5) 某校要从学校的甲、乙、丙、丁四个班中选出一个班参加市里优秀班级的评选。有A、B、C、D四个学生猜测哪个班级能被选中。A说:甲不能选中。B说:丁能选中。C说:丙能选中。D说:丁不能选中。结果表明,只有一人没有猜对。

请问:被选中的是哪个班级?

解题思路:

本题中的前三题,着重要求运用逻辑基本规律的知识对三题的三段叙述进行逻辑分析,指出三段叙述中的问题或错误在哪里？后两题主要要求运用逻辑基本规律的知识对其进行分析(主要是从两个互相矛盾的命题不能同真、也不能同假着手进行分析)，找到其正确答案。如题(4)，首先应将四人关于哪个队会夺冠的预测，简化为如下四个命题：

小张：甲队不会夺冠。

小陈：丁队将夺冠。

小徐：乙队将夺冠。

小唐：丁队不会夺冠。

其中，小陈和小唐的预测互相矛盾，二者既不能同真、也不能同假。按此，即可作出初步结论：唯一正确预测和唯一错误预测都出自小陈和小唐二人之中的一人。因此，如四人中仅一人预测正确，则小张和小徐的预测都是错误的。而小张预测错，则甲队夺冠。在互相矛盾的两个预测中，如小唐预测正确，则小陈预测不正确；如四人中仅一人预测错误，何队夺冠？何人预测为唯一错误的预测？请自证！

第十一章
论证

Chapter 11

第一节 论证的概述

一、实践论证与逻辑论证

由于人们的一切行动都是在一定思想的指导下进行的,因此,只有根据正确思想的行动才有可能是正确的行动。这就是说,思想是行动的指南,确定思想的真伪,是使人们有正确行动的前提。

那么,如何确定一个思想的真伪呢?这就提出了关于论证的问题。

证明一个思想的真伪,不外通过两条途径来进行。一条是通过实践活动来进行。比如,为了弄清某一部文艺作品是否为人民群众所欢迎,只要把这部作品拿到广大人民群众中去广泛阅读,然后听听他们的反映就行了。为了判明市场中叫得最响的那个小贩出售的橘子真是甜而不酸的,你只要亲口尝一尝也就够了。

上述这种论证,是通过人的变革物质世界的积极活动,来检验一个思想与它所反映的事物是否一致,这就是通常所说的"实践论证"。

还有另外一种论证。比如,为了证明"华东师范大学是一所培养人民教师的学校",我们可以引用"我国的师范学校都是培养人民教师的学校"和"华东师范大学是我国的师范学校"这两个判断来加以判明。这种论证与前一种论证不同,它不是直接通过实践,而是借助于一些真实性已经被断定的判断,通过逻辑推理来确定另一个判断的真实性。这种论证即通常所谓的"逻辑论证"。

可见,逻辑论证就是引用一些真实性已经被断定的判断,通过推理来判明或确定另一个判断真实性的思维过程。一般地说,如果这一思维过程主要是判明或确定另一判断的真,我们就称之为证明;如果主要是判明或确定另一判断的假,我们就称之为反驳。

实践论证与逻辑论证在认识中的地位是不同的。检验真理的最终的也是唯一的标准只能是实践。毛泽东说:"马克思主义者认为,只有人们的社会实践,才是人们对于外界认识的真理性的标准。"[①]而逻辑论证只是实践检验真理的一种间接方式和特殊手段。这是因为,首先,在逻辑论证中,作为根据的判断的真实性,归根到底是要靠实践来检验的。其次,逻辑论证是借助于推理来进行的,而推理形式也是在实践中经过亿万次的重复,才形成为具有公理性质的东西。所以,相对于实践论证来说,逻辑论证始终是第二位的,是直接或间接地以实践论证为基

---

① 《毛泽东选集》第一卷,人民出版社 1991 年版,第 284 页。

础的。

逻辑论证，是我们认识真理的辅助工具，也是我们有说服力地表达思想的必要条件。我们说话或写文章都必须具有逻辑性，具有论证性，才能使我们的言论或文章具有说服力。毛泽东在《论持久战》中论证“亡国论者”的错误时，就曾这样说过：“亡国论者看到敌我强弱对比一个因素，从前就说‘抗战必亡’，现在又说‘再战必亡’。如果我们仅仅说，敌人虽强，但是小国，中国虽弱，但是大国，是不足以折服他们的。他们可以搬出元朝灭宋、清朝灭明的历史证据，证明小而强的国家能够灭亡大而弱的国家，而且是落后的灭亡进步的。如果我们说，这是古代，不足为据，他们又可以搬出英灭印度的事实，证明小而强的资本主义国家能够灭亡大而弱的落后国家。所以还须提出其他的根据，才能把一切亡国论者的口封住，使他们心服，而使一切从事宣传工作的人们得到充足的论据去说服还不明白和还不坚定的人们，巩固其抗战的信心。……这应该提出的根据是什么呢？就是时代的特点。这个特点的具体反映是日本的退步和寡助，中国的进步和多助。”①

在这里，毛泽东用如何论证“亡国论者”的错误的具体例子来说明：在我们说话或写文章从事宣传工作的时候，必须运用马列主义观点对事物进行具体分析，并在此基础上，拿出充足的论据去论证我们所要宣传的观点是正确的。只有如此，才能使人信服，使人迅速地接受我们宣传的内容，达到团结人民、教育人民、打击敌人的目的。相反，如果我们在论证时不能做到有说服力，比如论据不充足等，那么，我们就不能够迅速地使群众相信我们的观点是正确的，也就不能够有效地达到团结人民、教育人民、打击敌人的目的。

形式逻辑在研究论证时，并不去考察每个具体论证过程的具体内容。因为在每个具体的论证中所要论证的内容是各不相同的，形式逻辑不可能、也不必要去研究它们。形式逻辑只是研究每个具体论证过程中共同的、最一般的东西，即论证的组成、逻辑结构以及在一切论证过程中必须遵循的一些基本规则等，以便为我们在认识事物和表达思想的过程中进行正确的论证提供必要的逻辑工具。

二、论证的组成

论证是由论题和论据两个部分通过论证方式而组成的。

论题是真实性需要加以论证的判断。如本节前面所举例中的“华东师范大学是一所培养人民教师的学校”。

论题可以是科学上已经被证明的判断，也可以是科学上未经证明的判断。论题如果是已被证明的判断，那么论证主要是侧重在表述方面。例如教师在课堂上

① 《毛泽东选集》第二卷，人民出版社 1991 年版，第 450—451 页。

所传授的知识绝大部分是已被证明了的。这时的论证,最主要的是要用简练、概括的方式把科学上已取得的成果合乎逻辑地表述出来。如果被论证的论题是未经证明的,那么论证过程的重点就在于探求,即为一种新的假设寻找理论的和事实的根据。所以,同是论证,但由于论题有已证和未证之分,在性质上可以是很不相同的。

论据是用来论证论题真实性的那些判断。如前例中的"我国的师范学校都是培养人民教师的学校"和"华东师范大学是我国的师范学校"两个判断即是。

论证中的一个论据相当于推理中的一个前提。如果论证是由一连串推理组成的,那么,那些最先的和直接引用的前提就叫做该论证的"基本论据",而由基本论据推出来的那些论据叫做"非基本论据"。

可以作为基本论据的判断有:①已被证实的关于个别事实的判断;②哲学和各门科学中的一般原理;③科学中的基本定义和公理等。

有了论题和论据并不等于有了论证。还必须用一种方式把论题与论据有机地联系起来,以保证通过论据的引用能够判明论题的真实性。这就是说,为了进行论证,除了需要论题、论据两个组成部分外,还必须要有论证方式这一重要的逻辑环节。

论证方式是指用论据来论证论题时所采用的推理形式。比如前面对"华东师范大学是一所培养人民教师的学校"这一论题的论证过程中,我们就是采用了一个直言三段论作为论证方式的。

从上述的分析中可以看到,在论证过程中,论题、论据和论证方式是有机联系着的。以一篇论说文的写作为例,一篇论说文总得要有一个论点(即论题),没有论点或论点不明确的文章,使人读起来就会感到茫无头绪、不知所云。但仅有论点,如果没有持之有故、言之成理的论据去说明论点,那么,即使论点再正确也是不能使人信服的。这就是说,一篇论说文有了论点,还必须有说明论点的论据,而且还必须要按一定的议论方法把论据与论点有机地联系起来,即必须有正确的论证方式。否则,这样的文章仍然是没有论证力量的,也就是缺乏说服力的。由此可见,一篇好的论说文,应当在逻辑上体现为一个完整而又严密的论证。

三、论证和推理的关系

论证与推理是有密切联系的。论证总是借助于推理来进行的。论据相当于推理的前提,论题相当于结论,论证方式相当于推理形式。任何论证的过程都是运用推理的过程,没有推理就无法构成论证。但是,并非任何推理都是论证,推理和论证又是有区别的。首先,两者思维过程不同。推理是从前提到结论的过程;论证则相反,总是先有论题,然后再围绕论题寻找有关的论据,这相当于从结论到前提的过程。其次，从逻辑结构来看，论证往往比推理复杂。一个最简单的论证可以由一个推理组成，而复杂的论证常常由几个推理组成，而且这些推理可以是各种不同形式的推理。从这个意义上说，论证是推理形式的综合运用。最后，推理是从一个或几个已知判断推出另一个新判断的思维形式。已知的判断，不论其真假如何，都能作为推理的前提。论证则是用一些真实性已经被断定的判断，通过推理来确定另一个判断真实性的思维过程。推理只是断定前提与结论之间的逻辑联系，它并不要求断定前提与结论本身的真实性；而论证则必定要求断定论据与论题的真实性。因此，论证不仅要求有论据，更要求这些论据必须是真实性已经被断定的判断，否则整个论证就难以成立。

第二节　论证的逻辑原则——充足理由原则

我国汉代的逻辑思想家王充说："事莫明于有效，论莫定于有证。"[①]这是说逻辑思维不仅要"事有证验"、符合客观实际，而且还要有逻辑论证。任何一个正确的思想或理论，都必须有严密的逻辑论证。只有经过逻辑论证的思想才有说服力，才能收到"以理服人"的效果。因此，思维具有论证性，这是正确思维的重要特征之一。思维的论证性表现为推理和论证过程中前提与结论、论据与论题、理由与推断之间的逻辑联系，这主要是充足理由原则所决定的。因此，充足理由原则是论证的基本逻辑原则，即传统逻辑所谓的充足理由律。充足理由原则和其他基本逻辑规律一样，都是客观事物间的内在联系在人的主观意识中的反映。具体地说，事物与事物之间的充足条件关系是充足理由原则的客观基础。所以，遵守充足理由原则，就成为逻辑论证的最基本的原则，也是思维正确、特别是思维有论证性的一个必要条件。

那么，充足理由原则的基本内容和逻辑要求是什么呢？

一、充足理由原则的基本内容

充足理由原则的基本内容是：在思维过程中，任何正确的思想必然有充足理由。或者说，在推理和论证过程中，一个思想被确定为真的，总是有其充足理由的。

充足理由原则的公式是：A 真，因为 B 真并且 B 能推出 A。

公式中的"A"表示论证中被确定为真的思想(即论题)，我们称之为推断；公式中的 B 表示用来确定推断"A"真的一个或一组判断(即论据)，我们称之为理由。由于 B 真而且 B 能推出 A，所以称 B 是 A 的充足理由。

二、充足理由原则的逻辑要求以及违反这一要求的常见逻辑错误

如前所述，所谓充足理由，就是一个正确思想赖以存在的真实而正确的根据。有了这样的根据(即理由)，就能合乎逻辑地推出另一思想(即推断)，就是说，前者

---

① 王充：《论衡・薄葬》。

和后者之间的关系是充分条件的关系。具体地讲,充足理由原则的逻辑要求包括下列两个方面:第一,作为理由的判断应当是被断定为真的;第二,理由和推断之间应当具有逻辑上的必然联系。换句话说,推论应当符合逻辑规则,推理形式应当是正确的、有效的。也就是说,充足理由原则的要求是:必须根据被断定为真的判断和正确的推理形式来推出新的判断。因此,充足理由原则体现了论证过程中真实性和正确性的统一,体现了正确思维的论证性的特点。每个论证,只有在符合上述要求的情况下,才能被认为是正确的,是合乎逻辑的。反之,就会被认为是不正确的,或是不合乎逻辑的。

例如,有一位数学教师向一位学生问道:"7是素数吗?"这位学生想了一想,根据已经学过的关于素数的定义"一个数只能被1和它本身整除,这个数就是素数",对7这个数进行思考,发现7这个数只能被1和它本身整除。据此,他回答说:"7是素数。"教师又问:"为什么呢?"他回答说:"因为7只能被1和它本身整除,所以它是素数。"(省略了大前提,即素数的定义。)教师肯定了这位学生的回答,因为,他的回答符合充足理由原则的逻辑要求:理由真实,推论合乎逻辑,因而整个论证是正确的。

违反充足理由原则要求的逻辑错误是理由不充足。它有两种表现:第一种表现是理由本身是虚假的,即用以判明和确定论题为真的论据本身是假的。从逻辑上讲,这种错误叫作"虚假理由"的逻辑错误。

第二种表现是理由和推断之间没有必然的联系,或者说推论不符合逻辑。比如,有人说:"如果一个人是运动员,那么他就要经常锻炼身体,我不是运动员,所以,我不要经常锻炼身体。"这个人的结论显然是不正确的。因为,这一假言推理的大前提是一个充分条件的假言判断,而充分条件的假言判断是不应当从否定前件到否定后件的。因此,尽管这个推论的理由都是真的(即"运动员要经常锻炼身体"和"我不是运动员"都是事实),但由于它违反推理的规则,它的推理形式是错误的、无效的,即推断不是从理由中逻辑地推导出来的,因而这个推论不符合充足理由原则的逻辑要求,结论也是错误的。用这种错误的、无效的推理形式来进行论证,就是一种"推不出"的逻辑错误。

第三节 论证的种类

按照不同的标准,可以对论证进行不同的分类,按论证方式(即论证过程中所运用的推理形式)的不同,论证可分为演绎论证和归纳论证;按论证方法的不同(即是否对论题直接进行论证)可分为直接论证与间接论证。

一、演绎论证和归纳论证

(一) 演绎论证

演绎论证是借助于演绎推理来进行的论证,即用一般原理来论证特殊事实的一种论证。在这种论证中,论据主要是一般性原理,论题是关于某种特殊事实的论断。如我们前面举出的关于"华东师范大学是一所培养人民教师的学校"这一论题的论证就是借助于直言三段论来进行的一种演绎论证。

演绎论证还可借助于假言推理形式和选言推理形式来进行。例如,毛泽东在《关于正确处理人民内部矛盾的问题》一文中有这样一段论述:"我国现在的社会制度比较旧时代的社会制度要优胜得多。如果不优胜,旧制度就不会被推翻,新制度就不可能建立。"①在这里,毛泽东就运用了假言推理的否定式(否定后件到否定前件)来论证"我国现在的社会制度比较旧时代的社会制度要优胜得多"这个论题的正确性。

再如,有时我们为了鼓励某些人克服学习上的困难,常常这样讲:"我们或者是战胜学习上的困难,或者是被困难所吓倒。但是,我们是决不应该被困难所吓倒的。"这段话,就是借助于选言推理的否定肯定式(即否定选言推理的选言前提的一个肢,而肯定另一个肢)来论证"我们必须战胜学习上的困难"这一论题的。

数学中定理、定律的证明一般都是演绎论证,因为数学证明一般都是借助于演绎推理来进行的。例如:

求证:如果 $x \cdot y = y \cdot x$ 而且 $(-x) \cdot y = -(x \cdot y)$

那么 $(-x) \cdot y = x \cdot (-y)$

证明:根据定理假设有① $x \cdot y = y \cdot x$

和② $(-x) \cdot y = -(x \cdot y)$

于是有 $(-x) \cdot y = -(x \cdot y)$ (据②)

---

① 《毛泽东文集》第七卷,人民出版社 1999 年版,第 214 页。

$= -(y \cdot x)$ (据①)

$= (-y) \cdot x$ (据②)

$= x \cdot (-y)$ (据①)

证毕。

在这一证明中,所求证的定理是一个充分条件的假言判断。根据充分条件假言判断的逻辑特性(前件真,后件必真)以及充分条件假言推理的肯定前件到肯定后件的推理规则,如果我们能从这一充分条件假言判断的前件推出后件来,那么就证明了该假言判断是真的。于是,我们先假定前件为真(即以前件为已知条件),然后根据前件的真(即以前件为推理的根据),推出了后件的真(即结论正是该定理的后件),从而证明了整个假言判断是真的(即该定理能成立)。这一证明就是根据充分条件假言判断的逻辑特性,并运用充分条件假言推理的方法完成的,因而它是一个演绎论证。

在数学、数理逻辑等精密科学中,广泛运用一种称为"公理法"的演绎论证。所谓公理法,就是以一些最基本的概念(初始概念)和命题(公理)为根据,并依据事先规定的基本推理规则,演绎地推导出一系列其他命题(定理)的证明方法。用公理法进行研究和表述的科学体系称为"公理系统"。逻辑的公理系统(即用公理法构成的逻辑体系)一般都是形式证明系统,其他学科的公理系统则不一定是形式证明系统,如古希腊欧几里得创立的几何系统就是非形式证明的公理系统。公理方法的基本特点在于:第一,它能把一门学科的所有定理(即真命题)有系统地组织起来;第二,运用这种方法,如果选择的公理是真的,并且制定的推理规则是正确的(即满足"从真前提不可能推出假结论"这一要求的推理规则),那么推出的定理必然是真的,不管那些定理是如何复杂或者看上去多么使人费解。非欧几何学的建立充分体现了公理法这一演绎论证的逻辑作用,因为这门学科可以说主要是运用公理法的逻辑结果。由于公理法有这样明显的优点,因此,从20世纪初开始,公理法已经被广泛地应用于各门学科,如物理学、生物学、心理学、语义学和哲学,等等。

(二)归纳论证

归纳论证是借助于归纳推理进行的论证,即用某种典型的关于特殊事实的判断来论证一般原理的一种论证。在这种论证中,论据是关于特殊事实的判断,而论题则是关于某个一般性原理的判断。

例如,本书在证明三段论第五条推理规则"两个特称前提不能得出结论"时,就用了归纳论证。该论证实质上包含这样一个推理:

II组合的前提不能得出结论,

OO 组合的前提不能得出结论,

IO 和 OI 组合的前提均不能得出结论,

而 II、OO、IO 和 OI 是三段论两个特称前提的所有可能的组合,

所以,三段论两个特称前提不能得出结论。

不难看出,上述推理是一个完全归纳推理,故该论证是归纳论证。

又如,毛泽东对"一切反动派都是纸老虎"这一论题的论证,就是运用科学归纳推理而进行的归纳论证。在这个论证中,毛泽东科学地分析了十月革命前的俄国沙皇、希特勒、墨索里尼、二次世界大战时的日本帝国主义等反动派都具有外强中干的纸老虎这一阶级本质,并以这些典型事例为论据,论证了"一切反动派都是纸老虎"这个一般原理的论题的真实性。

必须指出的是,由于归纳论证所使用的推理形式(即论证中的论证方式)是归纳推理(推广一点说,也可包括类比推理),而归纳推理一般说来是一种或然性推理,因此,在严格的论证中,用不完全归纳推理建构的论证一般只能起辅助作用,而不宜独立地加以使用,即应当尽可能同演绎论证相结合,以保证其论证的可靠性与说服力。至于完全归纳推理或科学归纳推理所建构的论证,由于这两种推理中,前者实质上是一种必然性推理,后者也是一种包含着演绎因素的、因而结论具有较高可靠性的推理,所以,分别应用这两种归纳推理所建构的完全归纳论证和科学归纳论证,是可靠的或较为可靠的,因而,也是有充分的或较强的说服力的,如本小节所举出的两个例子。

二、直接论证与间接论证

(一) 直接论证

直接论证就是从论据的真实直接推出论题的真实的一种论证方法。

例如,毛泽东在《关于正确处理人民内部矛盾的问题》一文中说:"马克思主义是一种科学真理,它是不怕批评的。"[①]这就是一个用省略三段论的形式来进行的直接论证。如果把这个论证完整地展开来,那就是:

论题:马克思主义是不怕批评的。

论据:马克思主义是一种科学真理,而所有科学真理是不怕批评的。

在此,按照三段论的规则,我们是可以由这里的两个论据直接推出该论题的。

直接论证也可以借助于归纳推理形式来进行。如我们前面举出的对三段论第五条规则的论证以及毛泽东对"一切反动派都是纸老虎"这个论题的论证。

---

① 《毛泽东文集》第七卷,人民出版社 1999 年版,第 231 页。

（二）间接论证

间接论证又称反证法，它是通过论证反论题的虚假，从而判明我们所要论证的论题真实的一种论证方法。

运用这种方法进行论证，一般有三个步骤：①设立反论题（即与我们所要论证的论题相矛盾的论题）；②论证反论题是虚假的；③根据排中律，推出我们所要论证的论题的真实。从间接论证的这个特点来看，间接论证实质上是选言推理的否定肯定式的运用，即从否定反论题真实，而推出我们所要论证的论题真实。

可见，为了进行间接论证，最关键的是要论证反论题的虚假（即否定反论题的真实）。为此通常采用两种方法：归谬法和穷举法。

归谬法是一种先假定反论题为真，并从中引出谬误的推断，然后，根据假言推理的否定式，从否定谬误的推断到否定反论题的真实的一种方法。既然否定了反论题的真实，那么，根据排中律，自然也就论证了我们所要论证的论题是真实的。

所谓谬误的推断，包括三种情况：第一，推断本身与实际不符，或与已知的真理相悖；第二，推断本身自相矛盾；第三，推断与其所依据的假定相矛盾。从反论题引出的推断只要是这三种情况中的一种，那就是谬误的推断。

例如，我们在证明三段论第一格的一条规则“小前提必须肯定”时，就先假定它的反论题“小前提是否定判断”为真，从中必然引出“大前提是否定判断”的推断。这个推断导致推理中出现了两个否定判断的前提。根据三段论规则：两个否定的前提是不能得出结论的，因此这个推断是不能成立的。然后按照充分条件假言推理规则，否定后件（即推断）则必然否定前件（假定）。这种用反论题作为前件（假定），推出一个谬误的后件（推断），然后用后件的假来推出前件假的方法，就是归谬法。如果通过归谬法论证了反论题虚假，那么按照排中律要求，原论题（如上例的“小前提必须肯定”）为真就是无疑的了。

还有一种经常运用的反证法是穷举法。穷举法就是列举出除我们所要论证的论题外还可能成立的其他各种不同论题，然后根据事实或推理将这些不同论题一一予以否定，从而证明我们所要论证的论题为真的一种方法。

例如，1945 年 12 月 28 日，毛泽东在《建立巩固的东北根据地》一文中，对“建立巩固根据地的地区，是距离国民党占领中心较远的城市和广大乡村”这一论题的论证就运用了这种方法。毛泽东指出：“建立这种根据地的地区，现在应当确定不是在国民党已占或将占的大城市和交通干线，这是在现时条件下所做不到的。也不是在国民党占领的大城市和交通干线的附近地区内。这是因为国民党既然得了大城市和交通干线，就不会容许我们在其靠得很近的地区内建立巩固的根据地。……因此,建立巩固根据地的地区,是距离国民党占领中心较远的城市和广大乡村。"①

毛泽东在这一段话里,列举了与所要论证的论题相异的可能有的两个论题(即:建立巩固的根据地,一,可以"在国民党已占或将占的大城市和交通干线";二,"在国民党占领的大城市和交通干线的附近地区内"),通过对这两个论题的否定,从而证明了自己所要论证的论题("建立巩固根据地的地区,是距离国民党占领中心较远的城市和广大乡村")的真实性。

可见,穷举法实质上是选言推理的否定肯定式和完全归纳推理的联合运用。

上面介绍的几种论证方法,是我们在实际思维过程中进行论证时常用的几种方法。然而,在实际运用中论证往往是比较复杂的,各种论证方法也常常不是孤立使用的,而是互相补充、结合使用的。因此,我们必须熟练地掌握这些方法,并根据具体的需要,灵活、恰当地运用它们。

---

①《毛泽东选集》第四卷,人民出版社1991年版,第1179—1180页。

第四节　论证的规则

要使论证严密、完整、令人信服，论证就必须遵守一定的规则。论证是由论题、论据通过论证方式构成的。因此，论证的规则也分别涉及论题、论据、论证方式三个方面。

一、关于论题的规则

（一）论题必须明确

论题是论证的中心，整个论证过程都是围绕论题而开展的，因此，进行论证或同人争论时必须首先弄清自己（或对方）的论题是什么。只有这样，才不至于使自己的论证无的放矢。如果一个人发表了一通议论，但到头来，连自己也不能明确地表示赞成什么、反对什么，这就根本谈不上去说服别人了。论题不明确，在逻辑上就称为“论旨不明”。论旨不明的错误是违反同一律要求的表现。

写文章时，如果“论旨不明”，文章就会缺乏鲜明性。而有些人之所以会犯“论旨不明”的错误，主要是由于：或者是在下笔之前根本没有弄清楚自己究竟要告诉读者一些什么，就提起笔来信笔所至，漫无中心。或者是由于作者企图在一篇文章里说明许多问题，结果由于头绪纷繁，反而什么问题也没有解决，这样的文章就像一团乱麻，使人茫无头绪，读后不知所云。因此，写文章必须论题明确，旗帜鲜明。

（二）在同一论证过程中，论题应保持确定

在一个论证过程中（一篇讲话或一篇文章中）要想说明一个什么问题，那就必须针对这个问题进行说明。不要下笔千言，离题万里，甚至东拉西扯，把不该讲的问题讲了许多，而该讲的问题反而不讲。这种情况在写作上叫做“跑题”，在逻辑论证中叫做“转移论题”。例如，某人本来是要论证“必须重视体育锻炼”这一论题的，但他却大谈“如何开展体育锻炼”，这就犯了“转移论题”的逻辑错误。

转移论题也是违反同一律要求的表现。论证中转移论题的错误一般有两种：“论证过少”和“论证过多”。所谓论证过少，就是实际论证的论题比需要论证的论题所断定的要少。所谓论证过多，就是实际论证的论题比需要论证的论题所断定的要多。上述“转移论题”的错误即属“论证过多”。

故意转移论题或偷换论题是一种常见的诡辩手法。比如，19 世纪末 20 世纪初的俄国无政府主义者，为了反对马克思提出的社会存在决定社会意识的历史唯物主义原理，否定“最主要的和最基本的是经济地位，是生产关系”，他们反驳说：“如果思想体系主要地、一元地由吃饭和经济地位来决定，那末某些饕餮之徒就会是天才人物了。”以此故意地把马克思主义关于社会存在决定社会意识、经济地位决定人们意识的原理偷换成“吃饭决定思想体系”的错误论题。对此，斯大林批判说：“请诸位先生告诉我们吧：究竟何时、何地、在哪个行星上，有哪个马克思说过‘吃饭决定思想体系’呢？……诚然，马克思说过，人们的经济地位决定人们的意识，决定人们的思想，可是谁向你们说过吃饭和经济地位是同一种东西呢？”[①]

二、关于论据的规则

（一）论据必须真实

论据是用来论证论题真实性的理由。论据本身如果不真实，就不可能达到论证论题真实性的目的。在论证中论据不真实，就会犯“虚假论据”的逻辑错误。如：亚里士多德曾说，地球是宇宙的中心，因为日月星辰都是围绕地球转的。而所谓“日月星辰都是围绕地球转的”这一论据是假的。所以，这一论证就犯了虚假论据的错误。

论据不真实，还表现为“预期理由”的错误。所谓“预期理由”的错误，是指在论证时所用的论据本身还是一些真实性尚未得到论证的判断。比如，曾有人为了论证“火星上是有人的”，而提出了这样的论据：“用望远镜观察火星，可以发现上面有不少有规则的条状阴影，而这就是火星人开凿的运河”，因此得出结论说：“火星上是有人的。”这个论证就犯了预期理由的错误。因为，他所提出的论据“火星上的有规则的条状阴影是火星人开凿的运河”，这个判断本身是否真实还未确定。

有时，人们以所谓的“想当然”为据，来论证自己的某种论点，这也是一种“预期理由”的逻辑错误。

（二）论据的真实性不能依赖论题来说明

这就是说，在同一论证过程中，论题与论据不能互为论据，否则就会犯“循环论证”的逻辑错误。

例如，鲁迅在《论辩的魂灵》一文中，曾用后述一段话来揭示在当时的某些人中流行的这样一种诡辩：“……卖国贼是说诳的，所以你是卖国贼。我骂卖国贼，所以我是爱国者。爱国者的话是最有价值的，所以我的话是不错的。我的话既然

---

① 《斯大林全集》第一卷，人民出版社 1953 年版，第 298—299 页。

不错,你就是卖国贼无疑了!"这段话一开始是用"你是卖国贼"为论据来论证"我是爱国者"这一论题,但到后来,它又用"我是爱国者"为论据,来论证"你是卖国贼"。这就是一种典型的循环论证的错误。

又如,有人试图以从海岸上看远处的行船总是先见桅杆后见船身这一现象来论证地球是圆的。但是,若问为什么从海岸上看远处的行船总是先见桅杆后见船身呢?这又有待于"地球是圆的"这一判断的被论证。由于这个论据的真实性还得依赖于这个论题的真实性的被论证,因此,这样的论证等于是绕了一个圈子,结果仍然什么也没有论证。

三、关于论证方式的规则

论证方式主要有一条规则,即论据和论题之间应有必然的逻辑联系。也就是说,从论据能推出论题。这条规则要求在论证过程中必须遵守有关的推理规则。否则,从论据不能必然地推出论题,论证就是无效的。

违反这条规则就会犯"推不出"的逻辑错误。这种逻辑错误常见的有以下几种:其一,论证中采用的推理形式不正确。比如,有人说:"这人个子这么高,一定是个篮球运动员。"然而事实上并非所有高个子都是篮球运动员,"个子高"和"是篮球运动员"这两者之间并无必然联系,我们不能以此人个子高为论据,论证此人一定是篮球运动员。如果我们把这一错误的论证中包含的推理形式表述出来,那就是:

篮球运动员都是高个子,

这人是高个子,

所以,这人是篮球运动员。

不难看出,这一推理违反了三段论的推理规则,犯了"中项不周延"的逻辑错误。这样,即使两个前提都是真的,但由于前提与结论之间无必然联系,结论并不一定真。因而论据虽真,但却证明不了论题的真,这就是论证中的"推不出"的逻辑错误。

其二,论据和论题不相干,即论证中的论据虽然也可能是真实的,但却与所要论证的论题毫无关系。用这样的论据当然是判明不了论题的真实性的。例如,有位年轻人在谈论自己学习不好的原因时说:"我想,自己脑袋小,知识装不进,学习不好的原因就在这倒霉的长相上。"这位年轻人把自己学习不好的原因归之于长相不好(脑袋小),显然是不科学的。其思维过程中就包含了这样一个逻辑论证:用"我的长相不好"作为论据来论证"我的学习不好"这一论题。而我们知道,学习的好不好同长相好不好(脑袋大小)是毫不相干的。因此,这位年轻人的论证也就包含了"推不出"的逻辑错误。

其三,以人为据。这是一种常见的"推不出"的逻辑错误。这是在论证过程中,为了论证一个判断是否真实,不是以事实和已经证明的科学原理为依据,而是以与这一判断(论题)有关的人(或提出者,或支持者,或反对者)的权威、地位、品德作为论证这一判断真假的论据。通常所说的"因人纳言"或"因人废言"就是犯了这种错误。所谓"嘴上无毛,办事不牢",用"办事者年纪轻"为论据来论证"年轻人办不好事",也属这类错误。

其四,以相对为绝对。这也是一种常见的"推不出"的逻辑错误。这种错误是在寻找论据的时候,把在一定条件下的真实判断当作无条件的真实判断,也就是把在一定时间、地点、条件下正确的东西,当作在一切时间、地点、条件下都是正确的东西,并以此作为论据来进行论证。例如,1942 年,在陕甘宁边区和敌后抗日根据地的有些作家,提出所谓"还是杂文时代,还要鲁迅笔法"的口号,来为自己的那些隐晦曲折、滥用讽刺的作品辩护。为此,毛泽东在《在延安文艺座谈会上的讲话》这篇著作中,对这种错误论题进行了批判。毛泽东指出:"鲁迅处在黑暗势力统治下面,没有言论自由,所以用冷嘲热讽的杂文形式作战,鲁迅是完全正确的。我们也需要尖锐地嘲笑法西斯主义、中国的反动派和一切危害人民的事物,但在给革命文艺家以充分民主自由、仅仅不给反革命分子以民主自由的陕甘宁边区和敌后的各抗日根据地,杂文形式就不应该简单地和鲁迅的一样。"[①]根据毛泽东的这段论述,我们就会看到,陕甘宁边区和敌后抗日根据地的一些作家所提出的所谓"还是杂文时代,还要鲁迅笔法"的口号,不仅表现了这些作家思想上的资产阶级文艺观,而且在逻辑上也犯了以相对为绝对的错误,即把相对于鲁迅时代的某些做法,看成不分时间、地点、条件的绝对正确的东西,并以此作为论据来为自己的错误口号进行辩护。

① 《毛泽东选集》第三卷,人民出版社 1991 年版,第 872 页。

第五节 反 驳

一、什么是反驳

从上面间接论证的例子中可以看出，我们在论证一个论题的真实性时，常常是和批判假的论题相联系的。这是因为对和错、真与假，都是对立的统一。而“正确的东西总是在同错误的东西作斗争的过程中发展起来的。真的、善的、美的东西总是在同假的、恶的、丑的东西相比较而存在，相斗争而发展的”①。在论证过程中，当我们论证了某一论题的真实时，实质上也就判明了与这一论题相矛盾的论题的虚假；而当我们论证了一个论题的虚假时，实质上也就判明了与这一论题相矛盾的论题的真实。在逻辑学里，通常把论证自己论题真实的思维过程称为证明，而把论证对方论题虚假或不能成立的思维过程称为反驳。因此，反驳也是一种论证。在写作上，我们常将证明称为“立论”，而将反驳称为“驳论”。

二、反驳的方法

由于反驳是一种驳斥对方立论的方法，而一个立论即证明总是由论题、论据通过论证方式而构成的，因此，为了驳斥对方立论，也可以从下列三方面入手：反驳论题、反驳论据、反驳论证方式。

（一）反驳论题和反驳论据

反驳论题即论证对方论题是假的；反驳论据即论证对方论据是假的。在辩论中反驳对方论题和论据常采用两种方法：直接反驳与间接反驳。

直接反驳是用事实或推理直接论证对方论题或论据的虚假。这又有两种不同的方法。

一种是直接列举出与对方论题或论据相矛盾的事实来论证对方论题或论据是虚假的。例如，毛泽东在《湖南农民运动考察报告》中，为了反驳当时土豪劣绅污蔑正在蓬勃发展的农民运动是所谓“痞子运动”、“糟得很”，便列举了当时农会所办的14件大事，而这14件大事正好与当时土豪劣绅的污蔑是直接相矛盾的，从而也就直接驳斥了土豪劣绅的污蔑。

---

①《毛泽东文集》第七卷，人民出版社1999年版，第230页。

另一种方法是归谬法。归谬法在证明时是间接证明的方法,在反驳时则是直接反驳的方法。因为这时它是以对方论题或论据为前件(理由),推出一个(或几个)荒谬的后件(推断),然后,由否定后件到否定前件,从而论证了对方论题或论据的虚假的一种方法。

比如,为了反驳"作文有秘诀"的论题,鲁迅说:"假使有,每个作家一定是传给子孙的了,然而祖传的作家很少见。"这就是运用了归谬法的反驳方法。

间接反驳是先证明被反驳论题(或论据)的反论题的真实,然后根据矛盾律推出被反驳论题(或论据)的虚假。

例如,有人认为"所有宣传都是文艺"。我们不同意这一论题,但并不直接否定它,而是去论证:"广播讲座是宣传,但广播讲座不是文艺,可见有的宣传不是文艺。"这里,我们用一个三段论先证明了与被反驳的论题相矛盾的论题——"有的宣传不是文艺"——是真的,根据矛盾律,由此就论证了被反驳论题是假的。

上面就是反驳论题和反驳论据的几种常用方法。由于反驳论题和反驳论据都是为了论证它们(论题、论据)是假的,所以,我们将反驳它们的方法放在一起说明。但是,这并不是说反驳论题与反驳论据在反驳过程中地位是一样的。要知道,驳倒了对方的论据,这只论证了对方用以判明论题真实的理由是错误的,从而论证了对方的论证是不能成立的,但并不能以此论证对方论题是虚假的。这一点,从假言推理的规则中就可以看出。驳倒了论据,只是否定了理由。但是,根据充分条件的假言推理的规则,否定理由(前件)是不能否定推断(后件)的。比如,北宋范景仁不信佛,苏东坡问他何故?范答:"平生事,非目见即不信。"苏东坡用归谬法反驳道:如果你非目见即不信,那么你不见脉就应当不相信医生的切脉,但你又为什么相信切脉呢?这里,苏东坡虽然驳倒了范景仁不信佛的论据即"非目见即不信",但他的反驳并未判明论题"不信佛"本身是假的。所以,如果要论证对方论题是虚假的,就不能仅仅反驳论据,而必须针对对方论题进行反驳。

(二)反驳论证方式

反驳论证方式就是指出从对方的论据中推不出所要论证的论题来,即揭露对方论证中犯有"推不出"的逻辑错误。

例如,毛泽东在《论联合政府》一书中的"'破坏抗战、危害国家'的是谁?"这一节里,曾经指出:"真凭实据地破坏了中国人民的抗战和危害了中国人民的国家的,难道不正是国民党政府吗?……但是国民党人却说:'共产党破坏抗战,危害国家。'……唯一的证据,就是共产党联合了各界人民创造了英勇抗日的中国解放区。"[①]

---

① 《毛泽东选集》第三卷,人民出版社 1991 年版,第 1049 页。

在这里，毛泽东就是运用揭露国民党人所提出的证据（即论据）和其提出的荒谬论题“共产党破坏抗战，危害国家”两者之间毫无逻辑联系的方法，对国民党反动派的荒唐论证进行了驳斥。

上述几种反驳方法，在具体的反驳过程中，并不是各不相关、彼此孤立地加以运用的。实际上，它们总是互相补充、互相结合使用的。至于在某一具体反驳中究竟要采用哪些反驳方法，先用哪一种方法，后用哪一种方法，那就得根据具体情况而定了。

为了使反驳合乎逻辑，有力量，我们在进行反驳时，也必须遵守一定的逻辑规则。这些规则也就是前一节中所讲到的论证的各项规则，在此就无须再加以说明了。

第六节 谬　误

一、什么是谬误

“谬误”一词其英文为 Fallacy,它来源于拉丁语“Fallacza”,原词有“欺骗”、“阴谋”等义。在当前学术界和日常使用中,大致有广义、狭义、最狭义之分。广义的谬误是泛指人们在思维和语言表达中所产生的一切逻辑错误;狭义的是指违反逻辑规律的要求和逻辑规则而出现的各种逻辑错误;最狭义的则仅指违反论证规则而出现的逻辑错误。本书在此所说的谬误,取其广义。而这种广义的理解显然已包含了对谬误的狭义和最狭义两种理解。

就谬误作为一种逻辑错误而言,诡辩乃是其最恶劣的表现。所谓诡辩乃是一种故意违反逻辑规律的要求或逻辑规则而出现的逻辑错误,也可以说是有意识地为某种谬误而作的论证。就此而言,诡辩都是谬误,但谬误并不都是诡辩。一般地说,谬误是不自觉地违反逻辑规律的要求或违反逻辑规则而产生的,但诡辩却总是为了达到某种目的而采取的一种欺骗手法,一种似是而非的论证,因此,它总是以自觉地、有意识地违反逻辑规律的要求或违反逻辑规则为其特征的。

但是,考虑到区分逻辑错误是自觉的还是不自觉的,是一个十分复杂的问题,往往需要结合论辩的有关具体内容、具体场合进行具体分析,而这仅靠形式逻辑是难以做到的。因此,本书仅就一般常见的逻辑谬误作出一些分类分析,而不专门分析有关诡辩的问题。

二、常见谬误的种类

谬误可以有各种不同的分类。但最主要的可以分为两大类:形式谬误与非形式谬误。所谓形式谬误是指那种由于违反形式逻辑的规则而产生的逻辑形式不正确的各种谬误。比如,由于违反换质法、换位法规则而产生的直接推理的逻辑错误(如由“SAP”推出“PAS”,由“SOP”推出“SIP”等),由于违反三段论规则而产生的三段论形式的各种逻辑错误(如第一格的 AEE 式、AOO 式,第二格的 AII 式,第三格的 IEO 式等)。所谓非形式谬误则泛指一切并非由于逻辑形式上的不正确而产生的谬误,亦即它的非正确性并不是因为它具有无效的推理形式,而是由于其推理中语言的歧义性或者前提(论据)对结论(论题)的非相关性或不充分性。如果说前者(歧义性谬误)主要表现为语言方面的谬误的话,那么后者(通常分别简称为相关谬误和论据不充分的谬误)则主要表现为一种非语言方面的实质性谬误。在这里,考虑到有关形式谬误的内容已在本书前述各章中特别是在第三、四两章中具体分析过。所以,下面我们着重介绍的是一些常见的非形式谬误。

(一) 歧义性谬误

这种谬误是在用语言表达和交流思想的过程中,没有保持所用语言的确定性和明晰性,也就是在确定的语言环境下没有保持语言所使用的词项(概念)、命题(判断)的确定性而产生的各种谬误。主要有:

1. 语词歧义。这是指在确定的语言环境下,对同一语词在不同意义下使用(即表达了不同概念)而引起的逻辑谬误。例如:“所有的鸟是有羽毛的,拔光了羽毛的鸟是鸟,所以,拔光了羽毛的鸟是有羽毛的。”显然,这一推理的结论是自相矛盾的,因而是错误的。为什么会得出这一自相矛盾的、错误的结论呢?原因就在于两个前提中所共同使用的语词(“鸟”)是有歧义的。在第一个前提中,语词“鸟”是就鸟之所以为鸟应当是有羽毛的这个意义而言的,而在第二个前提中,则是就鸟的一种特殊状态,即被拔光了羽毛这个意义而言的。因而“鸟”这一语词在这一推理中具有歧义。正是这种歧义造成了上述推理结论的错误。

2. 语句歧义。这是指在确定的语言环境下,对同一语句作不同意义的理解(即用以表达了不同的判断或命题)而导致的逻辑谬误。例如有这样一个推理:“我们班上有10个足球爱好者与手球爱好者,所以,我们班上有10个手球爱好者。”表面上看这一推理似无错误。但是,由于表达这一推理的前提“我们班上有10个足球爱好者与手球爱好者”的语句是有歧义的:既可以理解为这10人既是足球爱好者又是手球爱好者;也可以理解为这10人中仅有一部分是足球爱好者,而另一部分是手球爱好者。但只有在前一种意义上才能推出上述结论,在后一种意义上是推不出上述结论的。这样的谬误就是一种语句歧义的谬误。

3. 语音歧义。这是指在确定的语言环境下,对同一语句读音不同而导致语句具有不同意义的谬误。这可以是通过对语句中某一语词的某个音节的语音强调而引起的,也可以是通过对语句中的某个语词的语音强调而引起的。后者如,“一个农民工办的工厂建成了”,通过语音重读可以强调的是“一个”,也可以强调的是“农民工”,由于对语词强调的不同,这一语句所表达的意思也就有所不同。如果将其混淆,就会出现语音歧义的谬误。

(二) 相关谬误

这种谬误是指那些前提(论据)包含的信息似与结论(论题)的确立有关,但实际无关而引起的种种谬误。主要的有：

1. 诉诸无知。这是一种以无知为论据而引起的谬误。例如，某些法盲犯罪后，常常在预审或庭审中用自己不懂得法律——“不了解这样做是犯罪”等来为自己的罪行辩护，甚至论证自己无罪，就属此种谬误。其实，无知绝不是论据，不知某事实存在并不等于该事实不存在。某人不懂法律，并非意味着法律对其无效。

2. 诉诸武断。这是指既未提出充分的论据，也未进行必要的论证，就主观作出判断的一种谬误。例如，昆剧《十五贯》中，无锡知县过于执，仅凭尤胡芦(被害人)养女苏戍娟年轻貌美这一点，便判定她与熊友兰勾搭成奸，是谋财杀死养父的凶手。过于执的论断是：“看你艳如桃李，岂能无人勾引？年正青春，岂能冷若冰霜？你与奸夫情投意合，自然要生比翼双飞之意。父亲拦阻，因之杀其父而盗其财，此乃人之常情。”这种无根据的主观臆断的错误便是一种诉诸武断的谬误。

3. 诉诸怜悯。这是一种仅以认定某人某事值得怜悯、同情而作为论据进行论证的谬误。例如，有的盗窃分子，在案发后的预审或庭审中，常常以自己家庭经济情况不好、十分可怜(如说自己老母体弱、妻子多病、儿子伤残，医药费如何昂贵，自己如何为此而倾家荡产等)，来博得别人的怜悯和同情，为自己的盗窃行为辩护(似乎其盗窃是出于无奈，因而无罪或少罪)。这就是一种诉诸怜悯的谬误。

4. 诉诸感情，亦称投众所好。这是一种在论证中不依靠有充分根据的论证，而仅利用激动的感情、煽动性的言辞，去拉拢听众，去迎合一些人的不正当要求，以使别人支持自己论点而出现的谬误。就此而言，可以认为诉诸怜悯是这种谬误的一种特例。

5. 人身攻击。这是指在论辩中用攻击论敌的个人品质，甚至谩骂论敌的手段，来代替对具体论题的论证。例如，19 世纪 60 年代，英国教会和一些保守学者曾集会反对达尔文的进化论思想。某大主教拿不出科学论据反驳进化论，就把矛头指向信仰进化论的赫胥黎。他嘲讽地说：“赫胥黎教授就坐在我旁边，他是想等我一坐下来就把我撕成碎片的，因为照他的信仰，他本来是猴子变的嘛！不过，我倒要问问，这个猴子子孙的资格，到底是从祖父那里得来的呢，还是从祖母那里得来的呢？”这位大主教的“论证”就是一种人身攻击的谬误。这种手法的实质，是以不道德的论辩手段代替正常的逻辑论证，以便使自己在论辩中取胜。

6. 诉诸权威。这是指在论证中对论题不作具体的论证，而仅靠不加分析地摘引权威人士的言论，以之作为论证论题正确的充分论据的一种谬误。例如，在中世纪的欧洲，亚里士多德享有至高无上的权威。亚里士多德曾认定人的神经是在心脏汇合，而当时的解剖学家已发现事实并非如此。于是，一些解剖学家请宣传亚里士多德思想的经院哲学家去看人体解剖。不料，经院哲学家们看后竟说：

您清楚明白地使我看到了一切，假如在亚里士多德的著作中没有与此相反的说法，即神经是在心脏里汇合的，那我也就一定承认神经在大脑里汇合是真理。这种谬误实质上是一种把权威的片言只语视为绝对真理而用以论证一切的谬误。所以，此种谬误又可称之为滥用权威的谬误。

7. 因人纳言。这是指在论辩过程中，仅仅根据立论者的愿望或自己对立论者的感情或钦佩，而不考虑其论断内容是否真实或其论证过程是否正确，便对立论者的论点表示接受和赞同的一种谬误。例如，有些人或由于某种小团体观念，或由于对某人的盲目崇拜，只要是自己小团体中的人或是自己所崇拜的人的言论就认定是正确的，就加以赞同、支持和拥护。这就是一种因人纳言的谬误。

8. 因人废言。这是指在论辩过程中，仅仅根据立论者的道德品质或自己个人对立论者的厌恶态度，而不考虑立论者的论断内容是否真实，也不根据逻辑反驳的规则和要求，就对立论者的论点加以否定而表现出来的一种谬误。例如，有些人在批评人家的论点时，常常不是就别人论点是否真实、别人论断是否符合逻辑展开论辩，而是抓住人家过去或现在的某些"小辫子"(如德行有亏、犯过某些错误之类)不放，以此作为否定对方立论的唯一根据。这就是一种因人废言的谬误。

以上的后四种谬误(人身攻击、诉诸权威、因人纳言、因人废言)，都是从不同角度、在不同程度上，以"人"本身作为其立论或驳论的唯一根据。因而它们都是论证过程中"以人为据"的各种具体表现。

(三) 论据不充分的谬误

这种谬误亦称理由不充足的谬误，即论题缺乏充足理由的支持因而不能成立的谬误。前面讲述归纳推理和类比推理时所说的轻率概括的谬误、机械类比的谬误，以及以先后为因果的谬误、因果倒置的谬误、虚假原因的谬误，都属此类谬误。下面，仅着重介绍几种统计谬误和赌徒谬误。

1. 平均数的谬误。这是指基于平均数的假象而引申出一般性结论的谬误。比如，根据甲工厂职工平均月工资为 2 000 元，从而推论甲工厂的工人月工资至少也有 1 000 元，但实际上该厂大多数工人月工资不足 1 000 元，因该厂技术人员、管理人员的人数之和与工人人数的比例为 1∶1，而技术人员与管理人员的工资大多超过 3 000 元，因此，虽然全厂职工平均月工资为 2 000 元，但一般工人的工资却不足 1 000 元。上述推论的谬误就正是这种平均数的谬误。

2. 错误抽象的谬误。这是指在作出归纳概括的过程中抽象不合理，如抽样片面、样本不具代表性等而产生的谬误。如有人由汉字的"一"字是一画，"二"字是二画，"三"字是三画，引申出表示数字的汉字与其笔画相对应的一般结论，就是犯了样本片面且不具代表性的错误抽象的谬误。

3. 虚假相关的谬误。这是指把两类并非真正相关的事件误认为是相关事件而作出错误结论的谬误。如某国居民喝牛奶的比例与得癌症的比例都很高，于是有人据此作出推论：喝牛奶是致癌的。其实，这只不过是把统计数字上两类似乎相关而实则无关的事件视为是具有因果关系的两类事件的结果，由此而产生的谬误就是一种虚假相关的谬误。

4. 赌徒谬误。这是指由于意识不到独立事件的独立性而作出错误推论的谬误。因一般赌徒常犯此谬误，故以此命名。比如，在具有红、黑二色的轮盘中，每次呈现红色的概率是 1/2，而且它们中的每一次都是独立的，但参与玩轮盘的赌徒总以为在盘子转过多次红色数字以后，下一次就会落在黑色数字上面，而不懂得下一次黑色或红色出现的概率仍然各为 1/2，它们相对已往的事件是完全独立的，它们并不因为前几次呈现的是红色而就必然增加下一次出现黑色的概率。再如，有的人在生了一个、两个或三个女孩以后，总以为如果再生小孩的话将会是男孩，从而在这种渴求中连续生了多个女孩。这就是因为他们不懂得每次生小孩都是不依赖前一次生小孩(男孩或女孩)的独立事件，过去生了女孩并未增加下次生男孩的概率。这些人实际上也陷入了类似赌徒的谬误。

三、研究谬误问题的意义

首先，逻辑谬误，不管形式的或是非形式的，都是违反逻辑规律的要求和相应的逻辑规则的，它们都是错误思维的表现，因而，它们都在不同程度上妨碍着正确思维和正确的认识。因此，要想正确地、合乎逻辑地思维，保证逻辑思维的结果的正确性，就必须防止和排除谬误。而要防止和排除谬误，就必须认真地研究谬误，弄清其产生的原因，判明与之作斗争的正确方法与途径。

其次，正确的东西总是与错误的东西相比较而存在，相斗争而发展的。正确思维与错误思维、真理与谬误，当然也不例外。因此，加强对谬误问题的研究，不仅有助于在比较和斗争中识别和防止谬误，而且，也有助于加深对正确思维的理解，促进正确思维的有效发展。

最后，逻辑谬误虽是违反逻辑的，但却是人们在实际思维、特别是论辩过程中时有出现的。因此，加强对谬误问题的研究，乃是防止实际思维中逻辑谬误的产生，从而提高人们实际的逻辑思维水平的一个很重要的方面。所以，它也就成为逻辑科学与人们日常实际思维相结合的一条重要途径，成为逻辑科学理论联系实际的一个很重要的方面。

练习题

1. 分析下列论证的结构，指出其论题、论据、论证方式(即所使用的推理形式)和论证方法(是直接论证还是间接论证)。

(1) 人的正确思想是从哪里来的？是从天上掉下来的吗？不是。是自己头脑里固有的吗？不是。人的正确思想，只能从社会实践中来，只能从社会的生产斗争、阶级斗争和科学实验这三项实践中来。

(2) 文学艺术也要实行民主。如果没有不同意见的争论，没有自由的批评，任何科学都不可能发展、不可能进步，文学艺术也不例外。

(3) 在世界历史上，经济落后的国家赶上或超过经济发达的国家，是屡见不鲜的。从18世纪中期到19世纪上半期，英国完成了工业革命，在经济上成为世界第一强国。到了19世纪末期，美国就超过了英国。20世纪初期，德国也赶上了英国。第二次世界大战中战败的日本，1950年的生产总值还大大低于主要的资本主义国家，到了1968年，就超过了英、法和西德，仅次于美、苏，在经济上跃居世界第三位。经济落后的资本主义国家能够后来居上，我们是社会主义国家，更能够迅速赶上或超过世界上经济发达的国家。

(4) 基本初等函数都是连续的。因为我们已经证明了角函数和反函数是连续的，幂函数是连续的，指数函数是连续的，对数函数是连续的，而角函数、反函数、幂函数、指数函数和对数函数就是所有的基本初等函数。

(5) 太平天国革命的失败证明了农民阶级不能领导中国革命取得胜利，辛亥革命的失败证明了民族资产阶级也不能领导中国革命取得胜利。因此，中国革命只能依靠中国工人阶级领导才能取得胜利。

(6) 既要革命，就要有一个革命党。没有一个革命党，没有一个按照马克思列宁主义的革命理论和革命风格建立起来的革命党，就不可能领导工人阶级和广大人民群众战胜帝国主义及其走狗。

(7) 马克思主义是一种科学真理，它是不怕批评的。如果马克思主义害怕批评，如果可以批评倒，那么马克思主义就没有用了。

(8) SAP真时，SEP假。因为若SAP真，则或者S与P全同或者S真包含于P。如果S与P全同，则SEP假；如果S真包含于P，则SEP假。总之SAP真时，SEP假。

解题思路：

解答这类问题，必须首先把论证的结构分析出来，而最重要的是要找出论证的论题来。找出了论题，其余的命题就知其为论据。然后，再具体分析各题中的论据是如何论证论题的，即用什么推理形式和用什么论证方法从论据推出论题的。按此步骤各题即可正确求解。

如题(2),“文学艺术也要实行民主”显然是论题。“如果”后的命题是论据。论证方式是演绎推理的充分条件的假言推理的否定后件式(省略“文学艺术要发展、要进步”)。论证方法为间接论证——归谬法。

2. 指出下列论证有何逻辑错误。

(1) 甲、乙两人辩论“爸爸和儿子哪一个更聪明”,分别论证如下:甲:我可以证明儿子一定比爸爸聪明,因为创立“相对论”的是爱因斯坦,而不是他的爸爸。乙:恰恰相反,这个例子只能证明爸爸比儿子聪明,因为创立“相对论”的是爱因斯坦,而不是他的儿子。

(2) 我们不能避免自我改造,因为避免自我改造是不好的。为什么避免自我改造不好呢?因为一个人怎能有理由避免自我改造呢?

(3) 我两次看见他从这个工厂里走出来,才知道这位热心帮助病人的老大爷,原来是这个工厂的工人。

(4) 某被告的亲属为被告申诉说:“×××的证词不能成立。因为,据我所知,×××曾因犯诈骗罪被判刑两年。现在虽刑满释放,但是,让一个犯过诈骗罪的人作证,合适吗?他的证词有什么价值,能让人相信吗?”

(5) 古希腊辩者欧布里德曾作了一个“某人不认识自己的父亲”的诡辩论证。他先问这个人:“你认识你的父亲吗?”那人当然回答“认识”。然后欧布里德叫这人的父亲隐藏在帷幕后面,再问他:“你认识这个人吗?”那人由于不知帷幕后面是谁,因而回答“不认识”。欧布里德据此就证明:这人不认识自己的父亲。

(6) 事物发展的原因是什么?唯物辩证法认为,事物发展的根本原因不在事物的外部,而在事物的内部,因为内因是事物变化发展的根据,这个内因就是事物内部的矛盾。

解题思路:

为了正确揭示各题中的论证错误,应当运用论证的规则,尤其是论证的逻辑原则——充足理由原则来对各题进行仔细分析,从而,辨明其逻辑错误所在。如题(1),从甲乙二人所用论据对论题的证明来看,二人明显都违反了论证必须有充足理由的逻辑原则及其要求,犯了论据推不出其论题的逻辑错误。稍具体一点说:绝大多数成年人都可以是一身而二任的:既是儿子,也是父亲。因此,任何一个有所成就的人,都既可以用来作为论据,论证儿子比爸爸聪明(相对于其父亲而言),也可用来论证爸爸比儿子聪明(相对于其儿子而言)。因此,用这样的论据以偏概全,是证明不了其论题的。

3. 下列两种反驳有何区别?理由是什么?

(1) 指出这个论证的论证方式是不正确的;

(2) 指出这个论证中的论题是假的。

解题思路:

要准确地回答本题,必须明确(1)(2)所指的两种反驳方法究竟是怎样的两种不同的方法，以弄清两种反驳方法的区别，然后再进一步从两种反驳方法在作用上的不同之处进行分析，从而讲明理由。

4. 分析下列反驳的结构，指出其反驳的论题（或论据，或论证方式）以及用来反驳的论据和反驳方法（即直接反驳还是间接反驳）。

（1）倘若说，作品的艺术性愈高，知音愈少，那么，推论起来，谁也不懂的东西，就是世界上的绝作了。

（2）阿凡提头上缠着筐子般大小的散兰（有文化的伊斯兰教徒头上缠的白布）在街上走。迎面走来一个人央求道："可敬的学者，求您给我念念这封信吧！"

"我一个字也不认识呀！"阿凡提叫道。

"您别客气了，您头上缠着那么大的散兰，怎么会没有学问呢？"

阿凡提听了，顺手取下散兰，戴在那个人头上说道："好，好！要是散兰有学问，我给你戴上它，你自己念吧！"

（3）有些资产阶级经济学家认为，原始社会中的石斧也是资本。这是一种荒谬的见解。如果原始社会的石斧是资本，那么原始社会就该有资本家和剥削了，而事实上原始社会并不存在资本家和剥削。

解题思路：

本题必须在正确弄清反驳的结构和方法的基础上，才能通过对所设各题的准确分析，对各题作出正确回答。如题(1)，运用反驳结构的知识，通过对题目表述的内容的分析，不难弄清，反驳的论题是：作品的艺术性愈高，知音愈少。用于反驳的论据是：谁也不懂的东西，就是世界上的绝作了（但事实并非如此——省略了）。

反驳方法：直接反驳——归谬法。

5. 论证题。

（1）试用选言推理法论证：小前提是O命题的有效三段论必定是第二格三段论。

（2）试用反证法论证：有效的第四格三段论式的大小前提都不能是O命题。

（3）试用归纳法论证：前提之一为特称命题的三段论结论只能是特称的。

（4）试用简化真值表证明下列各式为重言式：

a. $p \rightarrow (p \vee q)$

b. $(p \wedge \overline{p}) \rightarrow p$

c. $(p \rightarrow q) \wedge \overline{q} \rightarrow \overline{p}$

解题思路：

本题中的各题，论题已表明，要求运用何种方法去论证也作了明确规定，因此，要正确答题，必须首先弄清题中所要求运用的论证方法。如题(1)，要求运用选言推理的方法去进行论证。按此，只能运用选言推理的否定肯定式，即通过证明一个小前提是O型命题的有效三段论不可能为三段论的第一格、第三格和第四格,那么,剩下的只能是三段论的第二格。至于为什么一个小前提为O型命题的有效三段论不可能是三段论的第一、三、四格和如何直接证明只能是第二格(即直接证明小前提为特称否定命题的三段论是可能的),请自证。